鄉下創業學

游智維

著

【推薦序】

天時地利人和，打造創生商機

信義企業集團創辦人／周俊吉

落葉、豪雪、高麗菜田……這些在鄉野阡陌間俯拾皆是的尋常風景，經過有心人的發想與串連，以空間為經、以時間為緯，再輔以在地特有文史底蘊，層層疊疊交織出充滿人味的創生商機，《鄉下創業學》的本質，其實是一場場別開生面的異地生活體驗。

與智維認識，是在AAMA台北搖籃計畫的場合，智維是第二期創業家，我是第三期導師，智維也因此承辦多場AAMA的導師在地特色小旅行，每一次都驚艷於智維演繹「時間」＋「空間」＋「人間」＝「三度空間」的跨界整合功力，初閱這本智維歷來心得與成績的綜合集錦，一如先前的類似感動充盈於心。

一篇印象深刻的是智維以日本的「大地藝術祭」為例，反思如果在台灣，我們到底需要的，是藝術？還是生意？讓我不禁聯想起，公司長期投入的「全民社造計畫」中，接連兩年獲得個人與社區組的首獎——高雄美濃的「小地藝術日」。

「大地藝術祭」VS.「小地藝術日」，兩者的連結不言而喻。

「小地藝術日」的創辦人羅元鴻先生，於二〇一五年曾前往日本越後妻有大地藝術祭參與演出，期間深受來自世界各地藝術創作的啟發與感動，醞釀一段時日之後，二〇一七年跨越地域、世代、領域，和當地居民協同合作、創造共享的美濃「小地藝術日」於焉誕生。

羅元鴻深知地景藝術的精髓在於人與土地之間的連結，透過他長期耕耘在地社造的能動性，先集結美濃地區多所國中小師生協力舉辦「小孩趣市集」，啟動前置暖身活動，營造出在地居民的共同體意識之後；再接續開展出以回家創作、美學與共生為主軸，連結人與土地情感的「小地藝術日」。

隨後，進一步協同社區組織擴大籌畫「食物森林」系列，融合身心療癒、水土保持、生態教育等多重意涵，善用地景藝術豐富在地生活空間功能，希望每位來到美濃的有緣人，都能在小地小日間過出屬於自己的小日子。

就這樣循序漸進，從日常作息中不斷捲動在地深層的藝術能量，「小地藝術日」開始吸引不少以農村作為生活場域的藝術工作者，從友善農業的自然型態出發，善用現有資源、結合在地居民與學校組織，自籌自辦出一場跨界、跨時、跨領域的地景藝術活動，影響力甚至延伸到鄰近的六龜、杉林、內門、那瑪夏。

正如智維所分享：各種藝術祭的關鍵，除了帶進人流外，更重要的是——能否讓更多人看到當地的真實面貌，進而讓當地居民感覺被認同、看到自己的家鄉被喜愛。

上述關鍵，同樣適用於任何想讓故鄉更好的社區營造，當社區共同體意識逐漸成形，日後如何自給自足、永續發展，自然就會匯流為一門動人心弦的「鄉下創業學」。

【推薦序】

地方創生，利他共好的社會經濟學！

前商業發展研究院董事長、重仁塾創辦人／徐重仁

近幾年來，無論是台灣或日本，都面臨人口減少、高齡化、城鄉失衡的問題，因此在台灣各地、政府與民間也參考日本的模式，各地醞釀著推動「地方創生」的能量。

地方創生的例子很多，經常講的都是偏鄉該如何重新活絡，但若講地方創生的廣泛涵義，都市也是有比較偏僻、不繁華的地方，老社區可能沒落，商家可能生意不再興隆。其實地方創生的概念不僅能運用在偏鄉，某些都市的老舊社區，也可以再活化。

退休後的這兩年，我時常到台灣各地走走看看，輔導年輕的創業朋友們，其中有一個案例令我很感興趣。有一群年輕人來自台北南萬華（加蚋仔）的東園一帶，他們在那裡出生、長大，可能已經傳承到了第二代、第三代，家裡可能是做滷肉飯的、或是美容院的，而這些承接了家業或是自己再創業的年輕人，他們集結在一起，大家合作，希望能把在地的社區活化。

無論是社區再造或是地方創生，其實是滿相近的概念。我去他們的店裡一家一家探訪，和他們聊一些

觀念，這些年輕人讓我很感動的是，他們很用心的開始做了第一刊的《東園誌》，用一本小小的刊物來講老店的故事，或是互相到對方的店裡辦一些簡單的活動，分享、運用彼此的資源，大家湊在一起思考可以怎麼合作，讓外地來的人覺得萬華也很有趣。這就是一種「共好」精神。

東京吉祥寺一帶個性小店林立，但隨著不景氣，商圈生意也受到波連。吉祥寺的UNIQLO則是用「互利」、「串連」的概念與附近店家合作，重振商圈。凡是到UNIQLO購物的消費者都能參加店內舉辦的抽獎活動，獎項是商品優惠券，但優惠的商品對象不是UNIQLO商品，而是附近商圈的店家，有冰淇淋店、甜甜圈店等，藉此吸引顧客上門，同時也將人潮帶到周邊的店家，商圈因而活絡起來。UNIQLO的概念是「創造共生共榮的環境」，這就是「利他」的概念。

我常說：「每一個地方本身都該自立自強，不一定要靠政府補助，大家可以一起找資源、一起合作。」而這也是地方創生要成功且長久的一個關鍵。這和我過去在經營企業時常說的「聯合艦隊」類似，「一個人走一百步，不如一百個人走一步」，地方創生最困難之處，不在於有創意的發想，而是在於眾人能堅定持續推廣下去的毅力。無論是創生、再生或翻轉、翻新，都意味著一種復古的革新，並用「聯合艦隊」的概念走出一條屬於每個地方的路。

這本書集結了大至瀨戶內國際藝術祭、小至偏鄉活絡的故事，介紹了許多日本及台灣正在進行的地方創生案例，多元豐富，推薦給每位對地方創生有興趣的你（妳）！

【推薦序】

疫情過後，是發展地方特色的契機

財信傳媒集團董事長／謝金河

台積電創辦人張忠謀先生說：「這次疫情改變了人類的生活，也改變了大家的工作方式。」的確，疫情困住全世界，也困住台灣。過去很多朋友，一年三百六十五天，有一半時間是在全球飛來飛去，這次疫情把大家困住了，最近我聽說台灣各地的高爾夫球場都塞滿了人，大家被迫困在台灣。除了打球之外，尤其是過去征戰全球的台商，不妨利用這次疫情，好好規劃一下全台之旅，深刻感受一下台灣之美，這也是大家重新認識台灣的好機會。

另一個角度是，政府已斥資一．○五兆台幣為企業紓困，我覺得政府可以好好利用這次的機會，用心改造台灣的基本面。例如，以前機場常常漏水，跑道失修，這次可以趁旅客大幅減少的機會，重新整修機場工程。

還有，要窮盡洪荒之力改善台灣的觀光景點，像是基隆市長林右昌只花了一點小錢，他用油彩重新打造正濱漁港，如今成了熱門打卡景點，就來自於一個創意點子。日前我去礁溪的聖母山莊，登上海拔七、八百公尺的高山，大家看到的抹茶山美景，恐怕也是世界少有；還有一個星期假日，我約了爬山朋友到石碇千島湖區走一回，大家居高臨下，看著翡翠水庫的湖光山色，大家都驚嘆台灣怎麼會有如此美麗的好地方！

今年的清明節連續假期，我刻意從紅樹林走到關渡，沿著淡水河畔，平常不太留意的淡水河岸兩側突然變得好美；上週好友廖啟仁也在淡水河岸跑步，他順手拍下淡水河夜景，突然之間，淡水河變得好詩情畫意；甚至，在一個非假日，我吃過中飯，特別走到迪化街老街逛逛，那樣的紅磚古厝，古意盎然，配上街上的傳統小吃店，也構成一幅美麗的圖案。我們在鄙視台灣的時候，有人把台灣形容是鬼島，這些年，我用雙腳走遍全台灣，越看台灣，越看越美！政府正可以利用這次機會，重新修治觀光景點的基本面。

在疫情逐漸趨緩之後，中央防疫指揮官陳時中從台北南下屏東，從高鐵站開始，一路受到民眾熱烈追逐，到了墾丁，他與屏東縣長潘孟安身穿花襯衫，腳踩木屐，逛墾丁大街，成了最吸睛的焦點。這是非常高明的城市行銷，特別是在疫情緩和後，台灣必須重振內需消費。潘孟安是全台評價第一名的五星縣長，這回又有防疫有成的總指揮官及「防疫五月天」，成功打響了屏東及墾丁的招牌，也讓墾丁的觀光士氣大振。

我看到媒體報導，陳時中神秘消失兩小時，心想請得動陳時中吃美食的屏東第一人，一定是東港佳珍食堂的蕭受發老船長。果然不出所料，陳部長沒有到佳珍用餐，而是用外送的方式，由佳珍送到用餐的地點，蕭老闆一向熱情，這回陳時中駕臨，他一定會用美食款待他！果然結果不出我所料。

一個城市的觀光，除了一流的景點，也必須搭配一流美食，東港鄰近海洋，有一流海產，蕭老闆原來就是老船長，對海產的掌握當然精到，佳珍也成了東港餐廳第一品牌。蕭老闆又懂得行銷，每年的第一條黑鮪魚都是他去標的，他的店門口經常貼上大大的紅字條，成了最醒目的招牌。每一回，我到屏東，第一站總是到佳珍去品嚐蕭老闆的美食，也在餐廳門口拍了很多次照片。

這次疫情讓多數人出不了國門，而這也是重振國內旅遊觀光最好的時機，陳時中部長踏出台北，駕臨屏東，這回給足了潘縣長面子，而潘縣長原本就是行銷高手，這回打響了第一炮，現在台南市長黃偉哲也跟進，新北市長侯友宜也喊話希望陳時中能到新北市走走。這是借力使力，行銷台灣的好時機。陳時中的一舉手、一投足，每一著棋都下得精準，可以說是高手中的高手！

我的好朋友智維與潘孟安縣長是行銷屏東重要推手之一，這麼多年，風尚旅行深耕台灣，地方深度小旅行做得有聲有色。

記得多年前，我們一起策劃了一場甲仙之旅，我們一起追逐導演楊力州先生《拔一條河》的甲仙足跡，眾多企業家坐著遊覽車直奔甲仙，我們在甲仙大樓下車，鄉民拿著歡迎的牌子，大家先去吃芋仔冰，然後到甲仙國小和小朋友一起拔河；下午去幫新住民的芭樂園，幫忙套袋子；晚上我們把一條街道包起來辦桌，新住民拿出他們拿手的好菜，那晚我們請來客家歌手林生祥來唱客家歌，大家共同度過令人懷念不已的晚上。

台灣本來就有很多好山好水，如果再加上一些感動人的養分在裡面，台灣的在地觀光旅遊一定會更精采！這次智維要出新書，他這些年也勤走日本，到訪很多大家不太熟悉的小城市，也發現很多地方創生的個案，他從台灣到日本，記錄了十九個日本的個案，再加入豐富的台灣經驗，寫成了《鄉下創業學》，這是行銷台灣的好範本。

我跟智維有多次合作經驗，他年輕、才華洋溢，對地方鄉土充滿熱情，未來他在台灣深度小旅行的路上一定會扮演更重要的角色！

【自序】

地方的滿滿資源，看創業者怎麼發掘！

地方為何要創什麼生？地方不是一直都存在著嗎？它失去生命了嗎，不然為何需要創生？或者，就該讓它自然的死去？畢竟那個地方在沒有人的時代，自然早就存在。倘若不是，那我們該如何思考探索，從基本的第一步邁出去。

從小在宜蘭壯圍鄉下被稻浪包圍的田中央，還有彰化社頭芭樂園密佈的八卦山腳下長大，小學二年級還是只顧著在學校溜滑梯和盪鞦韆衝來衝去的年紀，我已經開始學著打工貼補家用——在成衣紡織廠剪線頭、挖金寶螺卵交給水利會、養狗場巡邏餵上百隻狗吃晚餐，或許那時候再怎樣賺對家境的改善都幫助有限，但至少零用錢不需要找家裡拿。儘管眼睜睜看著鄰居同學們玩著捉迷藏或者踢銅罐仔還是不免心癢癢，但是能花自己賺來的錢，到雜貨店裡買罐「雪客33」搖搖後大口灌入，還是抓幾片紅色辣芒果偽裝吃檳榔很好笑，這是小孩開始裝大人的小小成就感。

就這麼一路工讀伴隨著成長，到底人生做過多少份打工好像也很難記得清楚、算得出來。過去總認為辛苦的童年記憶，最終成為了創業後的最佳養分，無論環境多麼惡劣、困難多麼艱辛，總是可以自嘲沒幾分鐘就脫離憂慮和情緒，立刻轉換成動力再繼續思考如何解決問題而樂觀奮鬥著。

當進入職場，再到創業朝著自己期待的方向走來，無論是創辦已經十六年的風尚旅行，或者是後續成立的蚯蚓文化，我們幸運的可以堅持著想要走的路，無論是客製化從家庭到企業、品牌服務的深度旅行企劃與設計，或者是由旅行經驗延伸的行銷策略、論壇舉辦、論述策展、甚至大到跨年活動統籌，都還是本著從地方挖掘文化故事，再轉譯成為創意，進行一次次的實驗與實踐。

突然間，關於「地方」的關注討論熱烈了起來。關鍵在於耕耘社區營造已久的島嶼，從中央訂下了「地方創生元年」，選定了台灣一百多處相較城市地理位置處於邊緣的地方，因為資源匱乏和資訊距離產生的城鄉落差，作為第一波地方創生的重點目標。而我也因過去投入各個地方的經驗，受邀擔任國發會地方創生顧問團委員，參與許多鄉鎮提出地方創生計畫的討論，實地走訪時結識了許多關注台灣地方發展的朋友。

問題確實不少，畢竟這個企圖翻轉地方創造機會的操作法，日本政府以習慣謹慎仔細的民族性，經過籌備至少超過十年的縝密計畫，台灣希望跟進效法，但由於不同民族性的見效期待和不耐等待，只能在有限時間內邊走邊調的賽跑。但是太多的討論力氣往往落在「名稱為何要跟日本相同？」「怎樣才能寫出好提案爭取預算？」「青年返鄉遇到的資源困境要怎樣解決？」「地方創生帶動的小旅行是否會侵蝕傳統旅行社的利益？」等問題。

總是前端的爭執辯論氣力消耗太多，後端的實作執行與落地盤點修正太少，或許最該做的是化繁為簡，單純來談地方創業的生存模式要如何實踐。無論是城市外圍的郊區或者都會裡被低估的街區，再怎樣遠的鄉鎮地方或二線都市，其實處處都充滿著機會與可能性，可能是相對低廉的租金、空間的使用彈性、文化歷史的豐富、自然景觀的條件等，只要懂得整合資源與善用創意，創造價值的永續發展性都極大無比。

這本《鄉下創業學》累積了我過去十多年的工作經歷，無論是親自參訪多次深究其中，以及實際操刀的不同專案，既是案例觀察分享，也是執行經驗交流。在準備撰寫期間，寫樂文化的總編輯嵩齡、主編樹穎，以及協助整理採訪文字的歐陽與雅如，甚至風尚旅行和蚯蚓文化的夥伴們也幫忙收集照片和資訊訂正等工作，不斷往返討論案例的更新現況與角度調整，在在希望能將這些故事轉譯為更適合閱讀與理解的文字，提供給更多讀者學習或思考：如何利用地方風土不可複製的獨特價值，就算位於鄉下也能逆勢創造獲利與營運成功的商業策略。

台灣相較於日本國土面積與人口的比例，或許不會有相似的「限界集落」面對滅村的可能，所以毋需用同樣的方法去分類推進。台灣應該要提出整體性的創生概念，雖然在政治與經濟上都有其挑戰，倘若三百多個鄉鎮與七千多處的村落地方都思考再生概念，擁有自己絕無僅有扣緊地方的 Eco System，便能找到可持續發展下去的循環經濟價值。

要面對的挑戰，是對這個時代及下個世代的發展，我們能否慎重反思過去以滿足短期需求優先的陋習，去改變追求單一最大產值及利潤最大化的態度；去思考每次出手之後，創造的價值是否可以支援資源長期循環的可能性。尤其是後新冠肺炎時代的到來，消費者將不再回到過去的習慣與邏輯，更深度、放慢速度的體驗將會成為新寵，所有的需求將有機會呈現爆發性的增長，再搭配地方重新發掘、發展原本就有的那些生活日常，從底層打破原先結構，不受限於原有的窠臼，將會是火山爆發後的萬物重生，欣欣向榮的一片片綠芽重新長出。

鄉下創業學，創業學鄉下，你不曾想到的那些商業模式，就在你以為距離城市很遠的地方那裡。而真正的距離在於，你在滿滿的文化價值旁邊，卻不知道它一直存在。

【看看日本】這些案例，能賺錢也賺到人心

【想想台灣】預算少，如何創造有形或無形利潤？

看看日本

這些案例，能賺錢也賺到人心

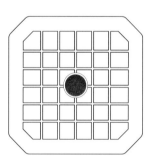

神山町，讓年輕人嚮往的科技山城

——最快網路打破偏鄉宿命，千億IT企業衛星駐點

一條光纖網路就能讓一處山區偏鄉變為綠色矽谷嗎？在我尚未踏上這座村莊之前，常思考著，台灣的山林深處美不勝收，但耕種土地有限、山地部落謀生不易，該如何應用原本的文化價值轉換成收益？在以NPO Green Valley團隊主導的「神山Project」計畫裡，或許可以看到不同的答案。

二〇一九年的六月，對於神山町的居民來說是一個帶點喜悅和興奮的時節。總公司位於東京，同時也是第一批將衛星辦公室設置在德島神山町的Sansan株式會社，正式在日本東京證券交易所掛牌上市，市值超過十二億美金，折合換算約一千多億日圓。對神山町居民而言，這是一份與有榮焉的驕

傲，也是宣傳「神山Project」計畫、繼續引進其他企業團隊的重要里程碑。

位在四國德島山區的神山町，是距離德島市區車程要超過一個小時的村落，這裡「從藝術交流出發，以科技打破界限」找回發展的契機，獲得二〇一六年日本總務省「地方創生大獎」的殊榮，二〇一七年《Forbes Japan》雜誌六月號介紹「十大日本創新城市」的專題報導，神山町名列第二。而這一切，都起源自三十年前一個單純懷舊的「洋娃娃回家計畫」。

洋娃娃回鄉，帶動藝術家駐村

二次大戰之前，由於排斥日本移民的問題使得美日關係惡化，美國民間的親日派為表達善意，發起一項運動，鼓勵美國民眾捐娃娃到日本作為和平的信使，期盼軟化緊張的國際氣氛，光是一九二七年就募集到一萬二千多個洋娃娃送給日本的小學和幼稚園。但隨後美日戰爭爆發，在兩國交惡的情況下，大部分的洋娃娃都被丟棄或焚毀。在神山町的神領小學，有一個叫Alice Johnston的洋娃娃，因為一名女性教職員認為洋娃娃是無辜的，當時將洋娃娃藏起來而讓它倖免於難。

在當地出生並擔任NPO Green Valley的理事，同時也是推動神山町發展的靈魂人物大南信也，回憶起自己就讀小學時，洋娃娃Alice就陪著他們一起長大，後來他的女兒就讀同一間國小，Alice也依舊收藏在學校裡。一九九〇年的某天，他回到神領小學參加家長會時，再度注意到了Alice，於是突發奇想：既然Alice和當年其他娃娃都有自己的護照（上面有註明贈送者的名字以及地方），那麼就來為Alice辦一次返鄉之旅吧！他們先試著聯絡賓州Wilkinsburg市的市長，想尋找送出Alice娃娃的人，想不到半年後有了回音，洋娃娃的原主人與Alice同名，是一名已過世的聾啞學校女教師，不過她的親人還在當地生活著。於是一九九一年八月，神領小學的家長會組成了訪問團，包含老師、校友、各界代表和中小學生們，一起前往美國造訪Wilkinsburg市。

這次看似簡單的訪問，卻促成了神山町展開國際交流的開始。當年前去美國的成員裡，如今有五位還留在家鄉，成為地方創生的重要成員。一九九九年，神山町國際交流協會（NPO Green Valley的前身）決定以文化藝術作為國際交流的主軸，「神山藝術家駐村計畫」（Kamiyama Artist In Residence，KAIR）每年邀請三位國際藝術家前來，住在村裡期間食宿全免，不僅創造了與在地居民的互動機會，藝術家也會留下在此地創作的藝術作品。至今已經有超過二十四個國家、七十多位的藝術創作者在這裡留下了足跡。

除了藝文層面的國際交流，生活型態與工作類型能否有更多可能性，成為神山町下一階段對外交流及開放的課題。如同許多偏遠鄉鎮，神山町也面對長年人口外移的現實，住民不斷減少，於是負責媒合外來公司與當地空屋需求的最大推手——NPO Green Valley思考著如何將這裡打造成讓人嚮往的移居目標。首先，他們將新移居者的範圍界定為自雇者，因為當地並無法提供足夠的工作機會，所以希望移居而來的人是有創造能力、已經有自己的工作或具備生產能力的對象。

用神山町產的杉木所打造的「WEEK神山」，提供來神山町短期出差或居住者體驗神山町多樣性、有別以往的住宿場所。

為了打造吸引人移居的友善環境，原本居民們抱持著傳統的邏輯，想爭取更多公共工程、強化聯外道路，但很快的，他們發現這個思維跟過去一樣，只會讓更多居民輕易的離開家鄉搬往都市。那麼究竟要怎麼做，才能讓現代人在神山町也能獲得滿足現代化的生活需求呢？

他們奮力且認真的思考著。

賓果！現今世界裡，人們除了陽光、空氣與水之外，最不可或缺的就是網路。

廢棄工廠，變身共享辦公室

德島縣在二〇〇五年鋪設當時全日本最快的光纖網路基礎工程，神山町因此得以順利進行在地的ICT基礎設施，進而帶來不可思議的改變。有了順暢的網路，工作就不需要再被界定場域，這一點讓神山町意識到IT相關產業、或高度依賴網路的行業，將是他們接下來招募移居者的重點與優勢。

透過神山町對外的資訊網站「In Kamiyama イン神山」，在地人員觀察到關於空屋資訊的詢問明顯比其他需求更多，於是開始盤點主要街道上的空屋或可租售房屋，並與有意願的詢問者進行媒合。此外，有了高速的網路基礎建設為優勢，NPO Green Valley也進一步邀請對神山町有興趣且適合的公司來到當地，為他們媒合空屋並協助設立衛星辦公室。比如一家營業項目以影像數位化及檔案儲存為主

神山Valley Satellite Office Complex是神山町的「Co-working space」，由神山町、德島縣政府和NPO Green Valley共同出資設立，將廢棄的裁縫工廠改造為現代產業的工作室。（圖片提供／王姿淳）

的公司，買下一間九十年的町屋，並將之改造成玻璃帷幕的高科技感辦公室。員工包括德島縣縣民、從縣外移居至此地的人，當然也雇用了五名神山町當地居民。

神山Valley Satellite Office Complex是神山町的「共同工作空間」（Co-working space），由神山町、德島縣政府和NPO Green Valley共同出資設立，將廢棄的裁縫工廠改造為適合現代產業使用的工作室，讓自雇者或小公司可以共租空間，縣政府甚至設立了地方創生推進辦公室，加強與當地訊息的傳遞。

「讓大自然取代原本辦公室環境」的迷人概念，經由宣傳引起了日本都市人的極大回響。二〇一一年NHK《NEWS WATCH 9》節目的專題報導，放了一張工程師正在使用電腦與東京的同事開視訊會議的照片，雙腿卻愜意的泡在冰涼溪水中，背後還襯著翠綠山巒景色，引起了日本社會出乎意料的關注。想都不曾想過的工作環境，讓神山町成了許多想遠離塵囂又不敢輕易放下現實的人的新天堂。

一般來說偏鄉聚落因為和外界交流的機會少，居民難免會有排外意識，但在神山町，經過長達三十年的國際交流，當地居民逐漸養成了對不同文化的高接受度及廣闊的包容性，這也讓移居到神山町的人能自在的融入當地，很快就成為當地的一份子。

吸進有創造力的人，山裡的店越來越有趣

無論是台灣或日本，已開發國家都不免面臨人口老化與新生人口減少的問題，許多的擔憂都來自於預期國家競爭力的降低。在過去靠著人口紅利崛起的時代，有些人認為人口多寡會決定所能創造的價值，但我覺得這樣的思考方向並不完全正確，畢竟這是只從「人」的角度來思考推論，因為人口數急速增加，在短短幾百年內也導致資源的消耗、物種的消失，對自然界造成難以回復的破壞。

去德島拜訪大南先生不久後，在一場由台東縣府邀請他來台分享的場合上，我在台北與他相約碰面。我提出這個問題與他討論，也更確定了我們有著同樣的觀點：神山町在面對發展困境時，並不單只是思考著「增加人口紅利」，而是提出「創造的過疎」（創意式的人口減少）的角度來思考地方的未來。在少子化時代，偏鄉地區人口減少是不可避免的現實，但是人口結構是可以改變的，理想的人口

結構重視的是在現有的總人數裡，創造出更好的產值與生活品質。邀請年輕、具有創意的人才進駐，從健全人口結構的角度，以及實現多元化工作方式的商業場所來提升地方價值，並非只依靠農林業，而是致力推動產業均衡以維繫地方永續發展。

神山町正是著眼於人口結構的組成品質，想辦法邀請有創造力、有能力的公司進來，共享現有的空屋、設施，讓移居者能更輕易的和原來的生活方式接軌，提供優美舒適的居住空間，讓人們願意一來再來，並且隨時都能融入神山町的生活及自然裡，長期下來，藉由不斷累積的成功前例，人們就會自發性的一個拉一個來到這裡。

來到神山町的移居者，除了遠距工作的上班族，更有不同行業的創業者，讓原本垂垂老矣的小鎮多了咖啡館、法式餐廳、小酒館，山裡的店面越來越多元有趣。

大南先生分享了一個令他印象深刻的案例。二〇〇一年參與藝術家駐村計畫的中嶋惠樹，在二〇〇二年開始移居到神山町，有一天，他的牙醫朋友來訪，也愛上了這個地方，自然而然就決定留下。就這樣，他們持續推薦朋友們來這裡長住，形成了自己在當地的朋友圈。而這個牙醫在神山町新建開幕的診所，雖然週休三日，但「山中牙醫」的優美形象不脛而走，反而吸引了許多人前來，當然也同時推廣了神山町。

如同這個案例，來到這裡的人幾乎都是社會上具有專業能力與經濟實力的一群，他們像磁吸效應一樣吸引了能為這個地方帶來不同產業風貌的新居民，使這個小鄉鎮有了兼營民宿的法式餐廳、自己烘豆的咖啡烘焙所、小酒館等多元精采的新面貌。

台灣沙發客計畫，讓偏鄉孩子認識世界

這個日本的案例，也讓我想到多年前在雲林大埤國中服務的「沙發客來上課計畫」發起人楊宗翰。他因為熱愛自助旅行而認識許多外國朋友，在雲林服替代役期間看見偏鄉孩子的資源匱乏，決定經由網路及免費食宿，向全世界招募願意帶著自己專長來陪伴孩子的志工，結果報名人數超乎想像的熱烈；而小朋友也因此有機會藉由和「活生生的外國朋友」交流，可以看見課本之外更廣大的世界。這讓孩子們開始對外界感到好奇，所以開始閱讀、開始學英文、開始想做更多的事去認識這個世界。

在網路無國界的全球化時代裡，透過交流觸動引發改變的契機，不只可以出現在日本神山町或台灣雲林，島嶼上的任何一處地方，都可以認真思考本地不可取代的風土條件，在文化與環境的基礎條件上引入和現代生活連結的新概念，只要開啟了交流的閘道，人自動會一個拉著一個，串成一條通往國際的線。

[神山町快問快答]

神山町在哪裡？
屬於德島縣東部名西郡的一個市町，町內高達86%的面積為300～1500公尺的山林所環繞。

神山町的人口組成
根據2020年5月的統計，5173人中外國人有61人；總家戶數2461戶，純脆由外國人組成的家戶數有47戶，由日本人與外國人共組家庭的有10戶。

光輝的神山町
2015年被美國《華盛頓郵報》盛讚為「日本的波特蘭」，2017年《Forbes Japan》6月號「10大日本創新城市」報導中名列第二。2019年已有16家企業在神山町設點。另外還有神山高專計劃啟動，預計2023年4月開辦5年制高專，成為全日本第4所私立高專。

利用4K影像從事數位媒體業務的株式會社えんガわ位於神山町的辦公室，原本是一間有90年歷史的古民宅。（圖片提供／王姿淳）

從事名片管理服務的資訊科技公司Sansan株式會社，他們在神山町的衛星辦公室原本是一處老舊牛棚，改建時保留原有的樣貌，使用玻璃跟鋼鐵架素材，簡單的玻璃櫃鑲嵌進去，不僅撐住原本結構也讓這牛棚變得具有現代感。

神山Valley Satellite Office Complex的共享工作空間。

透過視訊連線，即便遠在深山的神山町辦公室也可以和德島縣政府進行會議溝通。

嬬戀村的愛妻魔力，狂銷高麗菜經濟

——在高麗菜田村落，以情感連結觀光價值

我極喜歡APPLE創辦人賈伯斯說過的一句話：「唯有瘋狂到認為自己能改變世界的人，才真正得以改變世界。」身處一個以農業為主的村莊，放眼望去只有一片又一片沒有止境的蔬菜田，你要怎麼讓世界看見這裡呢？在高麗菜田裡搭起高台，彷彿就像日本作家片山恭一的小說《在世界的中心呼喊愛情》，大聲狂喊出我愛妳！讓全世界都看見這種瘋狂，你辦得到嗎？

在日本群馬縣吾妻郡有個村莊叫「嬬戀村」；嬬，日文漢字指的是「妻子」。《日本書紀》中記載一千九百年前的皇子日本武尊，在征戰途中經過這個地方時，驚傳來妻子過世的消息，悲痛的武尊

當場跪倒在地，大喊：「我的愛妻啊！」自此之後，這個地方便因為這個故事被叫做「嬬戀村」。

村莊位在嬬戀高原的山坡地區，這裡會令人聯想起南法的普羅旺斯。普羅旺斯擁有舉世聞名、一望無際的紫色薰衣草田；嬬戀村則有滿山遍野、一整片綠油油的高麗菜田。因為高原的高冷地形適合培育高品質的蔬菜，村民也幾乎家家戶戶都是高麗菜農，雖然薰衣草的浪漫與高麗菜的親民形象大不相同，但有一個共同點：一眼望去的田園風光非常漂亮！

第一次聽聞嬬戀村，是源自於安排同事參加了在東京舉辦的「INSPIRE」日本全國地方創生論壇，日本這幾年談「地方創生」，主題多元活潑，參與人員從大專學生到社會人士，從公務員到退休銀髮族；不同於台灣的地區發展議題多談及農產業，在日本，只要是能翻轉地方、改變常規，促發各種改變的可能性都可以端上檯面討論，毫不設限。

讓小農村被看見，五人參加變萬人觀光！

二〇〇六年，在東京經營公關企劃製作公司「SCOP」的山名清隆，和他的團隊在嬬戀村成立日本愛妻家協會，以「愛妻」作為核心價值，進行地方的行銷，本來只是振興地區活動的小型組織，但過去幾年，協會逐漸聚集了全國各地的「愛妻家」，且持續增長，現在有超過一百五十名成員、常務成員五名，總部就設在嬬戀村。當年的武尊傳說，造就了嬬戀村今日之名，也讓這裡的居民樂於承襲「愛惜另外一半」的美好精神。

來看看愛妻家協會的宗旨：「妻子是除了自己以外最貼近自己的『他人』，如果有更多珍惜妻子的人，也許這個世界會變得稍微豐富與和平一些。」於是愛妻家協會就把「愛妻」這個全世界都能理解的概念，做為推向市場的主題，更重要的是具體化成一年一度的「在高麗菜田的中心呼喊愛妻」活動。村公所也編列預算，在嬬戀村打造一座「愛妻之丘」，邀請居民參與，種植美麗的花草，構築成一個觀光景點，並作為愛妻家聖地的象徵。此外搭建木製高台，讓遊客可以爬上高台，對台下的另一半或是親人、孩子，勇敢的喊出對他們的愛。神奇的是，上了高台之後，似乎就會讓人自然而然的真情流露。

二〇一八年跟我一起前往當地的台灣「茶籽堂」創辦人趙文豪，就在台上聲嘶力竭的吶喊，感謝太太和他交往、和他結婚、為他生了一個又一個的孩子，「我們一定會幸福的，一定會幸福的，一定會幸福的！」然後帶著嘶啞的嗓子，比出超人手勢，讓現場的「觀眾」們大聲叫好、熱烈鼓掌嗨到不行。

呼喊愛妻活動不只是情感的釋放，來訪的遊客也能品嚐到在地新鮮的高麗菜湯、高麗菜果凍，甚至一起喝當地生產的啤酒，多樣化行銷當地的高麗菜產品。這個有趣的活動不但有日本NHK電視台報導，甚至也引起美國CNN、英國BBC等國際媒體的興趣，電視台紛紛前來報導日本有個村莊如此推行愛妻的精神。而愛妻家協會也藉此機會向世界呼籲，不管在哪裡，只要對家裡另一半有愛，就該加入愛妻家協會、建立海外分會，「世界和平就從深愛你的另一半開始」，有趣又感人的宗旨，成功引起全球媒體的關注。

這個活動最早只募集到五個人參加，到二〇一九年為止每年約有超過一萬人前往觀光，甚至還有

每年九月在高麗菜產季的「呼喊愛妻」活動，第一年僅五名參加者，現在響應的人越來越多。（圖片提供／群馬縣嬬戀村）

2018年「茶籽堂」創辦人也登上高台大聲呼喊愛妻；他也是第一位登上高台的台灣人。(圖片提供／群馬縣嬬戀村)

在推廣愛妻活動的時候也一併把群馬縣的觀光推展出去。

在木製的高台上大聲呼喊愛妻呼喊愛。

在呼喊愛妻活動當日還可以品嚐美味的高麗菜與當地生產的啤酒。

高麗菜醋風味的「愛妻蘇打」，瓶標圖案以武尊夫婦為主題。（圖片提供／群馬縣嬬戀村）

不少外國人遠渡重洋來到這個種滿高麗菜的高原村落，群馬縣的旅遊自然也順勢獲得推廣。

呼喊愛妻，把高麗菜也喊向國際

原本嬬戀村產出的高山高麗菜就是全日本產量第一，可惜沒有人把這裡的農產當作一個「品牌」，如今因為愛妻家的故事感動人心，讓這個小村落成為家喻戶曉的地方。呼喊愛妻的活動，也正式成為嬬戀村每年固定舉辦的傳統。以挖掘「長青設計」商品為理念的知名企業D & Department project，所發行的刊物《d design travel》分別介紹日本四十七個都道府縣，其中群馬縣的封面就選用了愛妻家協會海報上呼喊愛妻男子的面部特寫。

除了一年一度的呼喊愛妻活動，愛妻家協會也幫嬬戀村設計各種愛妻主題的商品開發和觀光行程，先挑選出二十二個景點，每處都設有紀念章，推廣夫妻檔一起到嬬戀村旅行，在旅程之中透過彼此感謝和體諒，讓愛情更為深厚，當然，如此一來也直接提升遊客到訪率。各地紛紛響應，讓呼喊愛妻的活動在日本遍地開花，愛妻家的分會也越來越多。

許多地方都有屬於自己的傳說和文化，往下挖，挖得越深，就越能獲得地方記憶及文化的累積。就像台灣，地名往往代表了地方故事。比如屏東的舊名叫阿猴，高雄叫打狗，為什麼叫鹿港？為什麼叫西螺？地名就代表了一段歷史或一個有趣的故事。但我們常常只把名字當成名字，或是甚少將名字背後的故事連結到活動的發想或地方產業上，當文化的內容跟硬體無法結合，地方行銷的影響力就會受限。

翻轉傳統，鼓勵男性勇敢表達體貼

嬬戀村的愛妻活動其實不只是呼應古老的地名，愛妻家協會更希望以具體行動改變日本的大男人傳統，因為普遍來說，日本的男性們總是不好意思把愛說出口，對家人不善表達內心的體貼，與辛苦的另一半往往缺乏充分的互動，若組成國家社會最小也最基本的單位：「家」，無法帶來穩定、和樂、體諒，那麼社會又怎麼會溫暖？一切的「愛」都應該從自己身邊最親近的人和事開始，比起防止地球暖化，或許更迫切的是防止家庭寒冷化。

日本愛妻家協會公認「維護夫妻關係削減倦怠感計劃」：在高麗菜田的中心呼喊愛妻。

2018年由前立委余宛如領軍的台灣地方創生及企業代表與嬬戀村及日本愛妻家協會互相交流。（圖片提供／群馬縣嬬戀村）

山名先生告訴我，其實自己以前也是一個典型的大男人，但太太在美國唸書的求學經歷，帶給他不同於日本傳統的夫妻相處觀念。如今山名先生自然已經不是隨時跟妻子保持距離的傳統丈夫，常常一回頭，夫妻倆就自然的牽手交談。山名先生說自己創立愛妻家協會的動力，就是來自太太！

我印象最深刻的一個創意，是來自協會在媒體宣傳上的操作。在某一年一月三十一日的愛妻日，在《朝日新聞》刊登愛妻新聞和擁抱腳印的全版廣告，畫面上，左右各有一雙腳印，腳尖對著彼此。到底為什麼要這麼做呢？告訴大家，把這張廣告放在地上，夫妻一同踩上這兩雙腳印，所形成的就是那個彼此擁抱的距離。

嬬戀村的愛妻活動帶動的不只是一個活動，而是提倡一種能引起共鳴的生活理念，對人、對物都懷抱熱情，就連那一顆顆圓滾滾飽滿紮實的高麗菜，也因此更香甜了吧，有機會不妨吃吃看日本第一的高麗菜，嚐嚐愛意滿滿的味道吧！

[嬬戀村快問快答]

嬬戀村在哪裡？
屬於群馬縣西部的一個市町村，人口數9527人(2020年5月)，3959戶。

高麗菜二三事：
盛產期在夏、秋之間，提供首都圈高達80%的供應量，可說是日本首屈一指的高麗菜產地。

高麗菜拚觀光：
除了每年9月的「在高麗菜田的中心呼喊愛妻」，7月所舉辦的高麗菜田馬拉松比賽，讓跑者在綿延無盡的高麗菜田旁跑步頗有名氣，也帶動地方觀光與農業發展。

八海山日本酒，「雪室」變賣點，振興南漁沼

——百年老酒廠，產量翻四倍

日本的清酒、燒酎是日式飲食文化中重要的一環，在足球巨星中田英壽投入清酒市場、矢志將清酒像葡萄酒一般推向國際的同時，也有一家隱身雪國山林裡的酒造，不僅將地方文化轉化成一門好生意，更善用前人的絕招創造了更高段的品牌價值。一間「雪室」的設計，把冬季豪雪儲存起來，變成自家的巨大冰庫，既環保又有商業創意。

八海山位於新潟縣南魚沼地區，名列日本百大名山之一，是深受當地人尊崇的靈峰，同時「八海山」（Hakkaisan）也是南魚沼一家日本酒的品牌名稱。日本有許多小地方品牌各有經營招數，八海山堪

稱是將當地自然資源發揮到淋漓盡致的厲害案例。

新潟本來就以品質良好的農產品聞名，盛產越光米更是讓高品質的米跟新潟畫上了等號。有好米，所以能釀出好酒，新潟的清酒也因此名氣響亮。「八海釀造」就是新潟地區一家已傳承三代以上的酒廠，為了增加和地方的連結，他們在二〇一三年成立了讓遊客體驗日本釀酒文化的「魚沼之里」，意指「位於南魚沼的村莊」，園區範圍近五千坪，不僅讓八海山成為魚沼地方的核心品牌，也振興地方經濟、引進更多遊客。

雪是寶貴資產！智慧低溫熟成室

被媒體定位成「大人的清酒遊樂園」的「魚沼之里」，最重要的設施就是可容納一千噸積雪的「八海山雪室」。雪室就是雪中的貯藏庫，是新潟古老的保存食物方法。南魚沼每到冬天，積雪可達

二、三月之交，雪室的屋頂會自動打開，讓豪雪飄入，一千噸的雪量可以讓雪室溫度穩定控制在攝氏三至五度。

三、四公尺厚，在沒有冰箱的年代，為了長期保存蔬果、生鮮食物，當地居民會建造能儲存雪的倉庫，變成天然的冰箱。這個向祖先學習而生的八海山雪室，也是全日本專門用來藏酒的第一大雪室。冬天時把屋頂全部都打開，讓雪落下來積滿整個倉庫；接著只要把屋頂關起來，就能一年四季都達到低溫儲藏效果。

八海山雪室利用自然對流的方式，讓雪室全年維持在攝氏五度左右的低溫，在貯藏庫內長期保存的日本酒、肉或蔬菜，在低溫高濕的環境下進行低溫熟成，也提升了食物的甜味、鮮味或是風味。夏天時還能將積雪所產生的冷氣經由管線送到建築內部的其他空間，是一座利用天然能源的環保綠色建築，獲得二〇一五年日本建築協會作品選獎。雪室平時開放預約參觀，在停機坪大的空間中設置了空橋，讓參觀者可以登高一覽雪室。

原本只是位於山林中的日本酒老廠牌，八海山因為將雪國文化發揚與傳承，讓人們在啜飲八海山清酒時，彷彿多了一種被雪國擁抱了一個冬天的美好情懷，消費者的好感度提升，八海山在日本的清酒市場也快速崛起，雪室成了行銷上最大亮點。

把雪當天然能源來貯藏清酒，穩定的低溫效果讓清酒的口感更甜美順口。

另外，不只是農產品放在雪室，消費者已經訂購的酒也可以一起雪藏。八海山巧妙推出讓民眾在酒瓶上留下名字和祝福話語的服務，讓消費者在買下來的酒瓶上簽寫想說的祝福或留下姓名，等到雪室窖藏到適合的年份，八海山便會幫你寄出給自己或寄給想贈送的某個人。

產量增四倍，清酒廠也能產啤酒

其實雪室的做法在日本北海道或東北地方所在多有，但對於許多現代化的大型企業來說，蓋一間雪室作為儲存室的經濟效益並不大，而八海山很清楚自己做為地方品牌，生產規模比不上其他大型酒

除了酒之外，這裡還可買到在雪室熟成後再加工的肉品、海鮮、蔬果等。

雪室的雪不只自用還能賣呢！魚店或料理店也向八海山雪室購買雪，用來冰存漁貨避免腐敗。

廠，在考慮地方連結、在地文化，以及自然資源的條件下，決定建造雪室，而這間兼顧文化及環保永續的雪室，的確也發揮效果，幫這個面對劇烈競爭的老牌企業打響新的名聲。儘管日本酒的整體市場在全球化競爭下，成長率逐年萎縮，但八海山的產量卻逆勢成長了四倍之多！

八海山的生產線也不侷限於傳統日本酒，除了維持本業清酒的高品質，也推出了自有啤酒品牌「猿倉山啤酒釀造所」的「RYDEEN BEER」（雷電啤酒）。啤酒的原料和製程跟日本酒不同，加上日本啤酒大多都已被Sapporo、朝日、麒麟等大品牌掌握，有歷史的地方酒藏更不願投入這樣的市場。但我認為，這是一個具有國際視野與市場佈局的策略，等東京奧運舉行，來自世界各地的外國旅客不一定能習慣日本酒，可是啤酒卻是能被接受的共同語言。八海山希望藉由新的包裝設計、新的行銷通路，透過啤酒再將外國遊客導回日本清酒的市場。

此外，八海山還在「魚沼之里」利用清酒酒粕研發年輪蛋糕、開設可享用在地飲食的蕎麥麵屋，或甚至開放員工食堂讓一般遊客也可以入內用餐。種種作為都可以看出八海山力圖讓老企業轉型的決心，在日本，生產清酒的酒藏不下萬家，但八海山以雪室、魚沼之里、啤酒等創新策略，讓自己在這些日本酒品牌中脫穎而出，連結地方但踏出地方，也讓未來發展更有可能性。

二〇一七年八海釀造獲頒日本GOOD COMPANY AWARD大賞獎，得獎原因是即使日本清酒市場規模縮小，八海山仍戮力不懈於清酒的製造販售，同時活用甘酒釀麴的技術與研究，擴大事業項目，對

設立於高處的「猿倉山啤酒釀造所」，遊客可在附設啤酒吧內品飲新鮮釀造的IPA、ALT等各式啤酒。

八海山利用雪藏概念，推出讓民眾在酒瓶上留下祝福的服務，待藏到適合的年份，便會幫你寄給想贈送的人。

地方貢獻良多。文化是累積的寶藏，時間久了就會產生不可取代性，八海山重新拾回祖先留下來的老傳統，反而成就了品牌的新價值，一個不願服輸的百年品牌，願意投資開創未來的可能性，讓居民對於家鄉的特產引以為傲、萌生認同感。

金馬的酒窖、雲林醬油，也有機會嗎？

南魚沼也讓我想到台灣的農村地區。例如雲林，地方有很好的農產品，但無法等同於人流，或是人們往往只是經過卻不會停留。雲林也有百年歷史的醬油工廠，或許能這樣思考：我要做醬油，醬油要用黑豆，是否也可以用黑豆做豆腐乳等產品？或許對醬油有興趣的民眾沒這麼多，但多了豆腐乳、辣椒醬，就能吸引更多不同的消費者；或者園區內增設食堂，讓消費者增加停留接觸的機會。

再看雪室，雖然是古老的做法，但當新世代在思考創新的時候，卻成了老時代所留下來的寶。回頭看台灣的離島，如馬祖的八八坑道和金門的經武坑道，其實都是以先民躲避海盜所挖掘的隧道為基礎，後來做為戰備擴建使用，如今常被金馬兩地居民用來儲存高粱酒，但坑道內溼氣重、容易泥濘，如果沒有妥善規劃處理，便會阻礙了旅人前來體驗觀光的意願，這些累積下來的文化資產不免可惜。

地方創生的關鍵是經濟，有經濟，人才會留下來，才會有永續發展的意義存在。當我們在思考地方產業或品牌時，得先釐清目標、定義清楚產品或品牌的價值，如果目標是成長，那就得先認清提升收益的需要，以目標再回推如何改變經濟產銷的結構；最終，別忘記祖先留下的傳統告訴你文化的價值和永續的重要性——未來總是連結著過去。

[八海山快問快答]

關於八海釀造：
成立於1922年的八海釀造為新潟當地百年企業，主要生產釀造清酒「八海山」，代表酒款為「八海山特別本釀造」、使用酒米之王山田錦的最高級酒「純米大吟釀八海山金剛心」，以及雪室貯藏引起話題的「純米吟釀八海山雪室貯藏三年」。員工人數132人（2019年5月）。

新潟日本酒知多少？
新潟縣生產釀造日本酒的酒造目前有近九十家，經營超過三百年的酒造非常多，年生產量僅次於兵庫縣與京都名列第三。

魚沼之里怎麼去？
搭乘JR上越新幹線於「浦佐站」或JR上越線於「五日町站」下車，再搭乘計程車約10~15分鐘車程即達。營業時間除元旦公休外，每日10:00 ～ 17:00開放參觀。

上勝町，老奶奶賣樹葉賣出千萬年薪

——鄉下的樹葉，創二億日圓年營收

看鄉下老奶奶們如何找回生產力、經營網路社群，在看似商機有限的深山裡走出適合年長人力的一條路？

誰說改變地方的關鍵人口一定得是青年創業或者遊子返鄉？德島縣的上勝町在柑橘種植業上受到了挫敗，卻意外從高級料亭的擺飾發現了「撿葉子」的億元商機。

「我不用拿老人年金了！」已經高齡八十二歲的西蔭奶奶笑著說。她工作很忙的，不僅得面對很多媒體採訪和外賓參觀，參與過電影的演出，還得在每天三個時段坐在電腦前準備搶訂單。第一次見到八十幾歲的阿嬤這麼有活力，不只拿出照片資料，解釋著牆上的各國報導與電影海報，最後還拿出平板電腦來拍照紀念，要跟你加個「FACEBOOK」。

上勝町，位在四國德島縣，是一個除非自己開車，不然很難乘坐大眾交通工具到達的山區小鎮。大約三十年前，當地擔任農協（農會）職員的橫石知二去大阪出差，在一家高級料亭吃飯時發現了懷石或會席料理，擺盤都會使用許多漂亮的樹葉，稱為「妻物」。眼前出現的妻物，頓時讓橫石先生的腦海裡浮出商機——漂亮的葉子，在家鄉上勝町不正是到處都有、俯拾即是的日常風景嗎？有沒有可能把生活周圍，或是住家附近、庭院裡的樹葉花朵整理起來，變成有價值的商品呢？

五年試行，誕生商業模式

對於都市裡的料亭、高級旅館餐廳來說，要蒐集妻物並非易事，當時市場上少見這類「原料」，都要另外耗費人力上山採集，無論人力或時間成本都非常高昂。橫石先生覺得創造兩邊的供需平衡，可以成為地方事業的新商機，於是自己先試行了五年的時間，直到確實找出穩定的商業模式，上勝町的「彩事業」才算成型。

五年的籌備時間裡，首先要克服當地居民的質疑。

「嘿，我們來賣樹葉吧！」當他第一次把這個想法說出口，居民都覺得根本是天方夜譚吧！每天看到掛在樹梢、落在地上的樹葉，哪可能變成商品有人要買呢？橫石先生只能挨家挨戶先一一說明，一開始先說服了四、五家願意配合嘗試的農家，慢慢的賣出了樹葉、有了成績，建立當地居民的信心，家家戶戶陸續加入。如今整個村落已經有了一百五十七戶成為彩事業的供應農家（二〇一九年三月資料），為上勝町的老人家創造了工作第二春。

當地農戶原本以種植酸橘、柚子和蜜柑等農作物為主，每年收成後要將沉甸甸的果物運送下山，但隨著居民年紀增長體力衰減，逐漸無法承擔沉重的工作量，加上一旦遇到嚴重的寒害來襲，辛苦耕耘的蜜柑樹幾乎被摧毀殆盡，經濟損失難以估計，更造成老人家們心理上的不安全感。上勝町的氣候適宜各種樹木生長，林相豐富，樹葉不像水果有那麼多生長條件的限制，農家不需提心吊膽擔憂氣候變化帶來的農損；而且樹葉或花朵輕巧、好處理，老人家們對於生活周遭的植物品種也極為熟悉，他們很容易就能找回工作的能力與樂趣。

上勝町的老人家們接受媒體採訪，甚至有阿嬤參與電影的客串演出。彩事業靠採集葉子每年賺進的營業額約達2.6億日圓，二十年間累計營收超過20億日圓。

搶單成功之後，接著就去採集指定的葉子、整理完裝進盒子，並在下午三點前出貨給JA日本農協。（圖片提供／合同会社パンゲア）

開心介紹自己主業是女演員，副業才是採葉子的西蔭奶奶。（圖片提供／合同会社パンゲア）。

另一方面，對以高級料亭為主力客群的市場來說，四季分明的上勝町原本即擁有品種繁多的花草樹木，隨著季節變化可以提供足量的各種新鮮花葉，比如配合新年喜慶擺設的梅花，或傳達秋日涼爽氣息的紅葉；對於重視季節感的日式料理，上勝町的彩葉正滿足了「旬食」料理所需要的四季妻物。

三個月，累計千萬營業額

參與彩事業的農民幾乎都是高齡的女性，平均年齡為七十歲，早過了退休的年紀，他們之前從沒想過還會有自己能再度投入的工作；更無法想像三個月的營業額大約就有二百萬到三百萬日圓，甚至有一家可以創造年收入破千萬日圓的成績！

除了金錢的豐厚收益，更重要的是老人家重新獲得生活重心。他們守在電腦前等著接單，成為上勝町最常見的日常。每天三次的下訂單時段，老人家們總會聚精會神的等著搶單。搶單成功之後，接著就去採集指定的葉子、整理好裝盒，並在下午三點前出貨給JA日本農協，農協則接手負責後面出貨的事務。

這些已過退休之年的老人家們，樂在工作，有了穩定收入，不再需要老人年金的補助，他們更找回自食其力、不用靠國家養的尊嚴，甚至還能繳稅增加國家收入——有能力幫助其他需要協助的人，讓他們對自身的價值感到充實且富足。

儘管後來有鄉鎮開始仿效上勝町賣樹葉，但因為彩事業已經創造了先行者的品牌優勢，加上四國氣候較為溫暖，上勝町林相豐富，能提供質優且遠遠多於其他地方的妻物品項，使得上勝町的供應地位依舊穩固。

而開啟彩事業的橫石先生，在彩事業上軌道之後依然沒有鬆懈，他除了為上勝町的農戶及妻物買家建立了下單跟接單的平台，也持續在市場上奔走，聽取買家的意見；並將從市場獲得的資訊或最新情報，透過彩事業的電腦系統，快速回報給所有農戶。

阿嬤說：全世界最棒的工作！

回到農業的本質，長期以來政府跟民間對農業的期待是需要兩相調整的課題，長久以單一產項的最大產量為目的，看似符合經濟需求，但往往也傷害了土地、傷害了原本可以生生不息的自然循環。所以有沒有可能，在未來，農業能成為兼顧產值與永續的「自然業」？倘若如此，當我們在思考發展時便能同時兼顧環境，這也是我特別喜愛上勝町的原因：關於永續發展。上勝町的人們或許一開始並

以廢料築起的精釀啤酒廠「RISE & WIN Brewing Co. BBQ & General Store」，是上勝町提供在地精釀啤酒美食、BBQ和在地商品的複合設施，成功吸引外地遊客來訪。

沒有思考太偉大的動機，單純只是因為在種植柑橘業受挫，需要尋找替代經濟來源，卻意外在高級料亭的擺飾上發現了另一片商機。於是人們開始意識到，當環境透過災害提示居民，原來的路已經走不通的時候，看似條件有限的環境中，卻能走出可以長久穩定經營的、最適合當地年長人力的一條路。體力不如前的奶奶阿姨們，撿拾葉子不再需要爬高爬低，也不再需要負重行遠。即使一戶只有一個人能接單，工作量自己也足以應付。

不需要過度開發也能支援城市需求、減少浪費的永續產業，更可貴的是讓當地高齡化人力再啟動，這些都讓彩事業成為獨特的創新產業。

另一方面，對老人家來說，金錢的收入或許也非重點，樸素的鄉間山居生活自給自足，最大的收穫反而是熟齡者找回成就感。能夠脫離被照顧者的身分，重新擁有繳稅生產力來照顧他人，這也是社會上許多長者走過人生、看盡風景後最願意貢獻的事。

不只如此，上勝町的老人家們因為彩事葉的工作，開始學習用電腦、經營臉書專頁，跟外界甚至是日本以外的人有了接觸。甚至有阿嬤還因此參與了幾部電影的客串演出。「我的主業現在是女演員，副業才是採集葉子喔！」「女演員」西蔭奶奶開心的介紹自己。而其中沒有抱怨嗎？當然也有。「我每天八點、十點、十一點都要認真盯著電腦準備搶單，如果沒有搶到，心裡就會很難過……啊，如果不用搶單就好了，我想把時間都拿去照顧我的田跟樹葉。」真是阿嬤們充滿愛與真實的職場甘苦談啊！

我們好奇的問，這工作讓生活變得這麼忙碌，甚至還有讓腎上腺素飆升的緊張感，阿嬤們會不會覺得累呢？「不會。這是全世界最棒的工作。我想要做到一百歲！」阿嬤神采奕奕的這樣回答。

每次走入台灣的農村或部落，我總是喜愛坐在路旁的凳子，跟不同族群的長輩們閒話家常，他們是深入一個地方最重要的關鍵引路人，總是知道這一處聚落發生過什麼樣的故事，誰家的孩子現在正做著什麼事，哪個角落擁有最佳的風景堪屬秘境，這一塊土地上盛產什麼農作，這裡的族群背景會創造出什麼樣美味的料理……。

老人家是寶，可以不只是口號，要怎樣讓寶物閃閃發光？說不定只要許個願望，就能帶你通往夢想實踐的地方。

[上勝町快問快答]

上勝町在哪裡？

位於德島縣中部山區，勝浦川上游地區的一個城鎮，距德島市約一小時車程，為日本「最美麗的村莊聯盟」成員之一。

住了多少人？

2020年5月統計，約758戶、1510人，町內人口老化嚴重，65歲以上佔總人口數超過五成，80歲以上更佔了全村總人口數四成比例。

關於彩事業：

彩事葉始於1986年，1999年橫石知二正式成立彩株式會社，他也是現任的代表取締役社長。現今可採收出貨的妻物（樹葉）種類超過300種以上，公司年營收可達2億6000萬日圓，有的老人家年收入超過千萬日圓。2007年橫石知二先生被新聞週刊《Newsweek》日文版評選為「100位改變世界的創業家」之一。

最美漁村伊根町，遊客中心變觀光亮點

——不蓋蚊子館，把遊客留下來

在夢幻的「海之京都」，有一個日本最美的小漁村——只有兩千多名居民的伊根町，沿著港灣佇立著一整排木製新建的遊客中心「舟屋日和」，蓋房子只花八個月，卻耗費了超過三年的時間規劃討論——「慢慢來，比較快」，以看似巨大時間成本，實現居民的夢想，並成功把遊客留下來，不同於許多觀光中心變成蚊子館的命運，伊根町的新建築成功融入百年聚落，更創造共融多贏的全民空間。

二〇一三年時，在庵株式會社位於京都的辦公室裡，建築師黑木裕行攤開伊根町觀光案內所的設計圖對我說，這是一個超過四年的計劃，他們正準備著手進行；三年後，我有一回趁著工作空檔跟著黑木先生來到伊根町，雖然湛藍的海無比美麗，但令我訝異的是眼前工地卻是一片荒蕪、沒有任何建築物的影子，看不出可以如期完工的跡象；沒想到，再經過一年，我帶著一群朋友們正式到訪，在動人無比的海岸旁，已經佇立了一排美麗的觀光交流設施「舟屋日和」，這棟觀光案內所和當地的百年舟屋聚落毫無違和的融和在一起。

伊根町位在京都府北邊丹後半島，是個與海灣共生的美麗小鎮。對於多數台灣遊客來說，心目中的「京都」往往指的是千年古寺林立的京都市區，並不太會將京都與海連結在一起，但近年來，京都府靠海的區域，以海為觀光特色，共同以「海的京都」作為地方行銷，只有兩千多名居民的伊根町正是其中最特別的村落之一，因其保留了如今非常少見的船屋聚落，稱為「舟屋」。

起源江戶時代，可泊船的海畔舟屋

沿著海灣，包括二百三十間舟屋和一百三十間土藏倉庫的「伊根浦舟屋群」，正是伊根町最傲人的資產；另外當地還有三百多年歷史、有「海上祇園祭」之稱的「龜島區祭禮行事」祭典，這兩大資源讓伊根町在二〇〇八年入選為「日本最美村莊」聯盟成員之一。

舟屋建築從江戶時代開始出現，因應海灣環境及當地漁業需求，通常會有兩層，一樓直接通往海面，用於停泊船隻或收納漁具及處理漁獲，二樓才是住家起居的空間。

伊根町是日本第一個被指定為重要傳統建造物群保存地區的漁村（於二〇〇五年），過往也不乏媒體報導，但我會知道這個地方，正是因為黑木裕行的推薦。庵株式會社是專門經營並推動京都町屋（老屋）保存維護的公司，十多年前我曾拜訪創辦人Alex Kerr先生，他們把經營老屋所得收益，持續投入到更多町屋的整修跟維護，成績顯赫。黑木先生正是在其中扮演重要角色的專案建築師，長期參與日本各地的老建築改造修復。當年伊根町的規劃案是由政府委託，計畫蓋一間新的觀光案內所，也就是現在的「舟屋日和」。

舟屋就有如白川鄉合掌屋，是日本著名的文化資產，其實原本也會有短暫造訪伊根町的遊客，但當地卻苦於缺乏較大型的休憩餐飲設施可讓觀光客停留，多數旅人來這

裡，大多拍拍照片就離開了。加上聚落依山傍海，土地面積不大，岸邊平地早已密密麻麻的蓋滿舟屋，因此觀光案內所只能設置在原建築群之外，一片小小的凹陷狀填海造地區域。

我問黑木先生，為什麼計畫進行整整四年半的時間，蓋房子只花了八個月，那前面的三年多在做些什麼呢？黑木先生回答，更精準的說法，他們是花了三年又十個月在跟居民溝通。

伊根町有兩百多棟老房子，而住老房子的居民有幾百個人，在村民生活緊密相連的這個老聚落，如果要硬生生加進一棟為了觀光而生的新建物，是不是能讓這個新空間凝聚大家想法而生？此外，黑木先生一開始就想將觀光案內所蓋成仿舟屋的樣貌，這棟建

美麗的伊根町位於丹後半島，是京都府人數最少的小漁村。

物必須融入伊根町的風景，好讓這個村落可以繼續保持數百年來的美麗而不突兀。

黑木先生的思考是，當新蓋的房子長得跟舊區的老房子一模一樣，再過一百年，新房子就會跟其他的老房子一模一樣了。完成的舟屋日和，從外表看起來以為是獨棟的，但其實是連棟的，裡面打通的空間可相連。另一方面，就算內部空間現在很新穎，過了五十年、一百年後，人們的生活形態早就改變了，既然如此，空間內部的規劃就該跟此時此地的居民生活有真正的關聯。

從老到小，全員討論「想要的」夢想空間

我跟黑木先生聊起，在台灣做這種地方計劃往往正好相反，常是前期推進很快，中後期卻因為各方意見、抗議等種種原因卡關延宕。黑木先生也和我分享了他們的做法。

首先，在一開始規劃的時候，他們就讓所有居民：老人、壯丁、女人、小孩，每一個人都可以對這個新建物及預定功能發表意見。到底裡面應該要長成什麼樣子？要開什麼店？要放哪些設施？有的小朋友希望開一間電動玩具店，有的老人家要酒吧，那太太要什麼？每個人都來提供想法吧！

真的請所有人都表達一輪後，收集了好幾百條意見，那麼伊根町真正需要的是什麼呢？接下來，他們跟居民一起尋找、探索哪些項目是需要的。玩具店需要嗎——我可以去京都市買、還可以順便去

舟屋是源自江戶時代漁民的古老智慧，一樓直通海面可停泊船隻，伊根町目前約有二百三十間新舊舟屋。

京都玩，在伊根町開家玩具店好像不是很需要，那玩具店的選項先排除……就這樣，花很多的時間一起讓居民達到共識。於是從好幾百個「想要」，最後會變成數十個「需要」，共識就這樣慢慢的形成。但畢竟空間有限，所以仍要濃縮出真正急迫必要的功能項目，於是篩選後用投票來決定，觀光案內所裡面要有什麼。

就這樣，緩慢但漸進的，透過溝通、討論、投票的方法來找到最大公約數的共識。即使有些人提出的功能已經被刪去了，但依然可為了其他項目貢獻想法。最後，整座舟屋日和又分成三連棟和二連棟：三連棟的一、二樓規畫為咖啡廳；二連棟的空間則成為餐廳，餐廳內使用的食材來自當地新鮮的漁獲。從前這些新鮮且品質好的魚，因為當地缺乏餐飲業，幾乎多數只能夠被交賣到城市裡，伊根町的魚此後有部分可以留在當地、創造不同的價值。

除了餐飲空間，舟屋日和裡還包括了村長辦公室、固定舉行活動展覽空間。最特別的是，根據居民的共識，留下很大的空間放置祭典的重要船隻。

凝聚共識比前期速度重要

當然，在定案之後，一定還是會有人有不同的意見，就一樣不急不徐再次交付所有人共同討論決定，或許再度被推翻，但也或許有翻案機會，又重新獲得肯定，在過程中，黑木先生和他的團隊等同於討論會的主持人，協助所有居民將每個人的想法反應出來，直到凝聚出共識。

黑木先生的做法雖然不一定適用於所有的公共建設，但我相信，台灣未來在規劃公共建築時，可多向伊根町學習這種「慢慢來，比較快」、凝聚共識效益更大的思維。在台灣往往反其道而行，公共建築的規劃階段匆匆忙忙，等到真正進行時卻常要面對居民的反彈、計畫反覆，後期反倒窒礙難行。

舟屋日和的完成，有什麼實質效益呢？最直接的好處，就是讓更多旅人願意花更多時間在伊根町停留、住宿。因為訪客增加，有些當地居民順勢把家裡的空間改造成民宿，還邀請遊客跟著他們出海去捕魚，體驗一日漁夫、享用最新鮮的「漁師料理」，創造獨屬於漁村的體驗旅行，觀光活動變多元，願意花時間在此消費的人自然變多！

[伊根町快問快答]

伊根町在哪裡？
位於京都府北部的丹後半島東北部，產業以漁業及觀光業為主。

住了多少人？
2020年5月統計，約914戶、2057人，為京都府人口數第二少的町村。目前有15間舟屋可接待旅人住宿預約。

關於舟屋日和：
於2017年4月啟用，設有日式鮨割烹「海宮」、祭典用船隻停放區、居民交流空間，以及大受遊客歡迎的面海咖啡廳「INE CAFE」。

舟屋日和實際上蓋在填海造地的區域，一共有三連棟加上二連棟。

祭典船隻的停泊場。

舟屋日和一樓闢有可以販售當地農產品與雜貨的快閃店空間。

在有無敵海景的INE CAFE點塊蛋糕、喝杯咖啡度過悠閒的時光，變成年輕人喜歡到此拍照打卡的熱點。

神勝寺洸庭，震撼無數遊客的跨界藝術

——百年造船廠，以美學翻轉地方

洸庭位於廣島福山的神勝寺境內，甫落成就於二〇一七年入選日本JIA百大優秀建築選、JIA中國建築大賞一般建築部門優秀賞，二〇一九年更拿下COOL JAPAN AWARD的獎項。我不禁想，在寺院構築跨界藝術的創作，既結合宗教的禪意與神聖性，對訪客而言也能創造有如博物館的遊賞氛圍，而這個構想正是來自於一家百年造船企業，他們以美學思維活絡地方發展。台灣的山上、海邊處處皆廟宇，這個案例或許也值得宗教設施的主事者們參考。

源自京都最古老禪寺——臨濟宗建仁寺派的「天心山神勝寺」，不單單只是一座寺院，在廣達七萬多坪的敷地內，有源自十七世紀從滋賀縣移築而來的「含空院」；按照古圖重新設計再現千利休茶室的「秀路軒」；名建築師、同時也是建築史學家的藤森照信，以山陽道到瀨戶內一帶最具代表性的松樹為主題，設計了寺院事務所「松堂」；此外還有收藏了兩百幅以上白隱禪師畫作的「莊嚴堂」，每一處都讓人流連忘返。

五年封山，以巨型裝置藝術詮釋禪意

而寺中最令觀者震撼的，就是彷若巨型諾亞方舟停泊在山中的「洸庭」，這是神勝寺結合宗教、建築、庭園、當代藝術等範疇的大型空間作品，由日本雕刻家名和晃平與他的團隊SANDWICH所設計。進入神勝寺，前往洸庭，得先爬上小山坡，通過空橋才能抵達外型像艘大船的洸庭；進去之後還得通過重重大門，光是進入空間的過程就充滿儀式感，而建築內部卻是伸手不見五指的一片漆黑。

洸庭的「洸」，有水面上粼粼波光之意，建物內部裝了水，在橢圓形的空間內會看見各種倒影，有人覺得像子宮，有人覺得像太空船。在視覺逐漸適應黑暗之後，會慢慢看到光線為陰翳空間帶來的波動與想像，亮、暗、遠、近，不同的光源與聲音讓每名參觀者產生不同的詮釋，人們因為黑暗感到恐懼、光明感到安全，甚至無形中得到指引，有人看到四季，有人看到一生，整個參觀過程有如體驗一場「禪的洗禮」。洸庭不帶任何「一定」要告訴你的訊息，只是創造了這樣的空間與意境，讓人自行體悟。

這座宗教性與藝術性兼具的大型建物得以成功建造，幕後推手是當地財力雄厚的常石造船集團。常石造船是一間位於尾道的百年造船廠，尾道因為位於海運與陸運的交會點，具有地利之便，造船工業非常發達；而神勝寺是常石集團創辦人神原秀夫的供養之地，為了弘揚禪意，曾封山花了五年時間整修，結合建築與現代藝術來闡述宗教的課題。

漂浮旅館和赤城神社，由企業帶動地方翻轉

雖然本業是一般印象硬梆梆的造船業，但跨域結合手法常見於常石集團的其他作品，近年另一項傑作便是打造「漂浮旅館」guntû（船名來自瀨戶內地區一種青色小螃蟹「石蟹」的暱稱），這艘頂級奢華的海上旅宿，請來建築師堀部安嗣做整體空間設計，房間皆有面海的大片窗景和露天風呂可以泡湯，主廚嚴選取自瀨戶內海的新鮮食材料理美食，整艘船只有十九個房間，鎖定想要深度體驗瀨戶內海傳統文化與絕美風景的頂級客群，從尾道的貝拉維斯塔碼頭（Bella Vista Marina）出發，有不同的路線選擇，結合航運與觀光，提供旅客另一種穿梭瀨戶內海各島嶼間的旅遊文化體驗。

因為瀨戶內國際藝術祭的誕生，讓人們學習反省關於土地跟人之間的關係，藝術祭把人帶進地方，找到地方翻轉的可能性。常石造船身為瀨戶內地區在地的百年企業，也立志成為此地區創生計畫的一環，運用他們既有的資源，把擅長的造船工業，和當地的生活、宗教、藝術及觀光結合在一起。

有如巨大的諾亞方舟停泊在山中，天心山神勝寺的「洸庭」是以藝術闡釋宗教禪意的空間作品。（圖片提供／王姿淳）

由藤森照信設計的「松堂」，作為神勝寺的寺務室使用，細看會發現屋頂是以銅片一層一層貼附著，屋頂上還種著一棵小松樹。（圖片提供／傅菽鈴）

洸庭底下是一片粗獷石海，屋頂表面拼貼了十萬片光滑柿葺草，柔軟的形象與下方粗壯的鐵柱形成強烈的對比。（圖片提供／王姿淳）

另外東京也有一個廟宇重生的好例子：東京老街區神樂坂的赤城神社，多次毀於大火，原本長期靠幼兒園收益支撐營運，也因招生不易面臨困局，最終神社與開發商三井不動產簽下租約，由住在當地且為神社「氏子」的知名建築師隈研吾，為神社重新設計以玻璃與木為主的透明神社空間。三井不動產取得七十年的借地權，並在神社旁建造住商混合的複合式大樓，樓上租給住戶，租賃收入用來支持神社的運作，樓下就變成社務所藝廊、咖啡店等公共空間。這個結合宗教與生活的「赤城神社再生計畫」，獲得日本二〇一一年的Good Design Award商業解決方案和住宅設計兩項大獎。

台中菩薩寺、北港武德宮，台灣廟宇也有新風景

台灣的地方寺廟擁有很多資源，宗教扮演民眾信仰中心的重要角色，但不論是教堂或者廟宇，常常會拆掉舊的周邊歷史街廓或建築，以越蓋越大越華麗的新建築來吸引更多信徒，參訪神勝寺返回台灣後，我一直思考著台灣的廟宇是否也能這樣做？

其實台灣並非沒有有志之士。我非常喜歡位於台中大里的菩薩寺，廟方委託「半畝塘」團隊規劃設計了一個簡單樸實的小小清水模建築，裡面的空氣是流動的，植物自然的滋長，陽光映照、水帶動了風，在空間裡不需要說得太多，因為宗教就像在生活日常裡。

雲林的北港武德宮又是另一種做法，廟方看到香客絡繹不絕來廟裡求財，想教育民眾財富不是跟

三井不動產請隈研吾打造的赤城神社，以玻璃和木材打造與傳統寺院截然不同的極簡風格。（圖片提供／楊庭聿）

神明祈求就有用，也要充實自我懂得財經知識才行，便找來金融專家和投資老師開授基礎課程，給魚不如給釣竿的做法引起了許多媒體的關注。廟方更將靜心概念轉換成可永續經營的香客大樓「三學舍」，請專業團隊本事空間製作設計，打造出完全不同於傳統香客大樓的住宿空間，來參拜的香客可以就近住下，也更貼近地方文化。

宗教連結的是人的心，空間是傳遞信仰更直觀有效的工具，而宗教也能透過藝術家和建築師的詮釋，將信仰與土地的結合發展到新的境界，不再只是靠著神佛的敬畏賞罰，而是真正落實到信眾的日常生活中。

［神勝寺快問快答］

神勝寺在哪？

位於廣島縣福山市，距離廣島空港車程約50分鐘，自JR福山站搭車約25~30分鐘。

名和晃平是誰？

1975年出生於日本大阪，京都市立藝術大學美術創作博士，2007年以Pixcell雕塑系列在國際上聲名大噪，成為繼奈良美智和村上隆後日本新生一代藝術家的代表。

關於常石造船：

1917年創業，為當地超過百年歷史的企業，除了造船本業，還跨足飯店、商店、調味料店、滑雪場、遊樂園等產業，由尾道港的倉庫改建的ONOMICHI U2自行車旅店，也是常石集團的旗下產業。

不僅獨善其身，還能鄰里共好的百年老店

——奈良中川政七的選物創新術

日本的百年老店很多，其中不乏將過去的技藝忠實傳承並發揚光大、生意越做越好的業者，但在我心目中，能夠與時俱進的創新，不光以百年老店所擁有的資源畫地自限，而是以地區資源創造地方共好的業者，堅守傳統價值又能走出地方，非奈良的老店中川政七莫屬。

中川政七是一間有三百多年歷史的老店，專營傳統的「奈良晒」，這是一種柔軟輕透的麻布織品，在江戶時代非常受到貴族的歡迎，但經過數百年的時代變遷，奈良晒也因逐漸少人使用而沒落。

將中川政七品牌發揚光大的關鍵人物，則是現任當家第十三代接班人中川淳。他接手後並未大幅改變原有的店面與產品，堅持保留數百年來透過代代產品所累積的技藝與記憶，但另一方面，他同時打造一個全新品牌「遊・中川」，嘗試將奈良晒轉換成年輕人更能接受、現代人更需要的生活織品，並以奈良的小鹿圖案作為統一的視覺意象。

在台灣我也認識許多老店接班人，年輕一代有心想要傳承，但往往第一步就是想大刀闊斧的改造，常常會面臨過程中窒礙難行的窘境，道理很簡單：傳統會被保留，就有其存在的價值和理由，要在原本正常運作的老店基礎上發展出全新的商品文化，難免會有消費者不適應，或組織內部抗拒改變的問題。

不放棄傳統，以老店質感為訴求的新品牌

中川淳選擇了另一條不同的路：他的改革是創立令人耳目一新的全新品牌，雖然是新創，同時卻不放棄原來老店的核心精神，包括在視覺設計與品牌行銷，都跟中川政七老店有一定的連結。

中川淳保留百年家業的精髓另外打造一個全新品牌「遊・中川」，把奈良晒轉換成年輕人更能接受、現代人更需要的生活織品。（圖片提供／陳韻如）

老店開發出新品牌、接觸到更廣泛的消費者之後，中川淳意識到這些來店裡消費的顧客，不只是需要奈良晒布製品，通常也會對更多品質優良的日常用品感興趣，他心想，能不能把奈良周邊優質店家所生產的產品，一起放在店裡賣給顧客？於是他再創了另一個生活雜貨與服飾品牌「粹更」，把奈良地區其他店家用心打造的好物一併挑進來，成為高質感的選物店。

做了選物店還不夠，中川淳更熱切的想把全日本各式各樣的好東西讓全世界看見，他認為許多擁有良好技術、能夠製作優質產品的傳統店鋪，因為沒有多餘的人力或能力去做品牌建立或行銷宣傳，不知該如何與現代消費者接觸連接，以致於少有人知而業績不振。看到這層機會，中川淳一口氣把地方的好產品全部集中起來，以藍色富士山上有紅太陽的圖案作為聯名標誌，打造出「日本市」品牌大店，用力推廣來自日本各地

遊中川以奈良的小鹿圖案作為統一的視覺印象。（圖片提供／陳韻如）

的土產伴手禮。

中川淳成功以傳統工藝為基礎，堅守地方卻又走出地方，「日本市」在二〇一七年進駐羽田機場，二〇一九年也以「大日本市博覽會」參與台灣文博會的展出。中川政七在日本傳統工藝界率先採用從商品策劃、生產到零售一體化控制的 SPA 製造零售業模式（Specialty retailer of Private label Apparel），並協助來自日本各地的老店品牌再生計畫。

倘若，中川淳一開始只是想如何守住家業留下生意，很可能會像京都那一千六百多家業績緩慢下滑的百年老店，被動等待時代的取捨淘汰。從中川政七商店、「遊中川」、「粹更」，再到「日本市」，持續理解市場，締造出一個又一個品牌及話題，正是老店新生與市場接軌的最佳示範。

突顯風土特色，台灣的地方聯名行銷商機

而「日本市」的概念也給我一些啟發，並實踐在操作台南「紅椅頭觀光俱樂部」的策展案上（詳見後文），台南這座城市，就如同京都或奈良有許多老店，對於遠道而來的旅客來說，不一定知道在地品質很好的拖鞋、髮圈、杯子等商品，我們用「紅椅頭」的視覺設計來拓展到美食、選物等領域，策展之餘也真正連結在地商機。

在華山園區的富錦樹開設「新竹商號」快閃店，以選物店概念選集來自新竹各家老店的好物展出。

選物店的形式不僅吸引了許多遊客前來看展，也吸引媒體的關注與報導。

同樣的概念，我們也曾實行在為新竹做「新竹選物」的企劃。新竹有「福源花生醬」、「國際米粉」等優質的在地產品，但旅客卻沒有建立起「新竹出品」的地方品牌印象，於是我們在人潮聚集的華山文創園區裡，租下富錦樹的店中店空間，以快閃店形式開了一個「新竹商號」，透過「選物店」的概念展出，不僅吸引許多人前來看展，也吸引媒體的關注與報導。

台灣每一個地方都有其風土條件，生活在那裡的人傳承了好幾代的手藝，地方有故事、資源、工藝，創造出很有特色的土產商品，但他們未必清楚外地的年輕人或者海外遊客想要什麼。創造一個地方品牌就像是集體戰的概念，消費者能經由聯名品牌連結到旅遊紀念，進一步成為某個產品的愛用者，若能協助地方品牌找到與目標消費者溝通的策略，更可促成地方產生實質的改變。

[中川政七快問快答]

中川政七的發展：

創立於1716年（享保元年），1983年設立中川政七商店株式會社。目前在全日本中川政七商店有43家分店、遊中川10家分店、日本市6家分店，以中川政七的茶品牌所開設的茶論有3家分店（2020年官網資料），營業額達到68億9百萬日圓（2020年2月期）。

中川政七獲獎紀錄：

- 2008年花ふきん獲得GD賞金賞獎
- 2010年中川政七商店新社屋獲得GD賞中小企業廳長官賞、JCD Design Award銀賞、第23回日經New office賞 近畿New office推進賞獎

佛生山溫泉，從澡堂開始的小鎮大改造

——建築師的生活、生意、生態三贏返鄉計畫

原本只是一個單純的願望：讓孩子在故鄉好好的成長和生活，建築師岡昇平從建造溫泉澡堂著手，接著一步步規劃民宿、玩具店，而鄰近的書店、食堂、咖啡店也應運而生，慢慢的和鎮上里鄰一起完成夢想中的街區環境。在高松市的佛生山溫泉，建築師就像植樹人，栽下樹苗，時日久了，長成一開始無法想像的巨大森林。

佛生山町位於四國香川縣高松市南邊，是一個從高松市搭電車約十七分鐘可抵達的溫泉小鎮。江戶時代，高松藩的初代藩主松平賴重在此建立法然寺作為菩提寺（供奉祖先牌位的寺廟），通往法然

寺的參拜道路曾一度繁華，但近代因為商圈轉移而沒落。

一九九〇年代，在佛生山一帶發現隕石坑遺跡，當地傳說此地可能有溫泉，但始終沒有人成功挖掘到。在當地經營宴會館的岡正治，一直堅信這個說法，即使多數人都覺得「這裡怎麼可能真的有溫泉？」，他仍不放棄探勘，沒想到在二〇〇二年左右，在沒人看好的情況下溫泉水真的湧了出來！

岡正治的兒子岡昇平，長大後到德島上大學主修建築，畢業後原本在東京的事務所工作，但爸爸挖出的溫泉，給了他回鄉的動力，他決定回到佛生山，二〇〇五年開設「佛生山溫泉 天平湯」。香川縣自此也多了一個新生的溫泉景點。

漂亮得像美術館，免費看書看到飽的澡堂

多年前我在日本建築雜誌上看到佛生山溫泉的介紹，當時立刻被這家錢湯所吸引——長條狀的挑高建築，內部空間隱隱透出溫暖的光，然而想進一步查找更多資料，才發現當時在台灣幾乎找不到這裡的介紹。後來我才知道，天平湯的經營者就是建築師本人。二〇一九年的春天，我終於在天平湯見到岡昇平先生，看起來斯文靦腆的他，卻是一手改造故鄉的重要推手。他善用父親耗時多年才挖掘出的溫泉，打造成屬於地方居民的泡湯和活動空間，還獲得了大大小小的獎項肯定，例如在二〇〇七年獲得「Good Design 建築・環境設計部門／建築設計獎」，也讓這個小鎮的溫泉開始被媒體注意。

除了建築美學的特色，天平湯關於空間的思考觀點也很迷人，岡昇平在大廳規劃了二手書區域，取名為「50m書店」。不同於一般書店，這裡是一個讓人或坐或臥、放鬆閱讀的空間。以工程用三角錐作為支架，上面擺放了一長條木板，陳列二手書，就這樣延伸成長達五十米的書架。來到這裡的人可以自由閱讀，或拿看完的書來交換；主人的用意是希望所有人泡完湯之後，擁有一個像自家般可以舒服休息，並兼具交流功能的場地。

這種以社區需求優先的空間配置，在一般溫泉設施中實在少見。因為岡昇平在建造天平湯的時候已經結婚生子，他本著「希望孩子在家鄉好好過我們理想中的生活」的心情，想親手打造一個讓孩子將來會喜歡、願意在家鄉生活下去的地方。身為一名建築師，他很清楚各式建築對環境的影響，既然佛生山在許多人眼中已經沒落缺乏人氣，他就由自家的溫泉澡堂開始，一步一步慢慢走，希望能讓孩子長大後對佛生山溫泉這個名字感到驕傲。

在50m書店裡，也可以買到當地店家的物產和設計商品。

佛生山溫泉-天平湯為在當地土生土長的建築師岡昇平的作品，長條狀的挑高建築，內部空間隱隱透出溫暖的光。（圖片提供／佛生山溫泉）

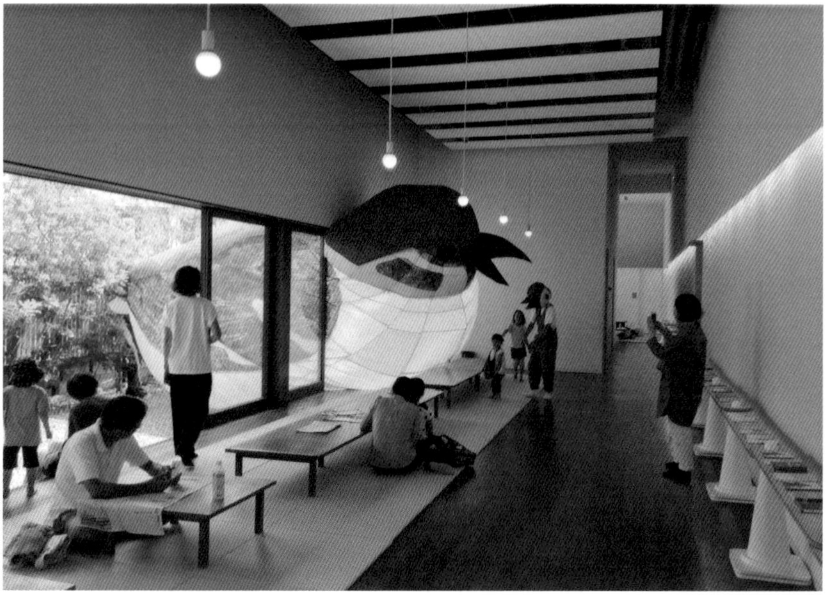

鄰近的TOYTOYTOY玩具店舉辦特展時也會來這裡進行宣傳。（圖片提供／佛生山溫泉）

岡昇平以溫泉為中心，串聯鄰里共同打造在地的特色街區。逐漸的，在街區上出現了絲瓜文庫、TOYTOYTOY玩具店、Nöra咖啡店等。

一個發散點，讓老市區活化起來

除了溫泉澡堂、50m書店、TOYTOYTOY玩具店、民宿，岡昇平也鼓勵串聯起鄰里的力量，共同打造在地的特色街區。慢慢的，在小鎮街上，出現了絲瓜文庫、Nöra咖啡店等有趣的店面，讓佛生山漸漸成為多元性、有設計感的生活型社區。

因為是以代代長住的心態經營，岡昇平並不在乎是否需要花上十幾、二十年的時間，他希望即使變化緩慢，但依然能確實實踐理想的生活環境。因此來到佛生山的遊客會發現，這個小鎮充滿了細膩的生活感，天平湯更是社區居民全家老小會一起前去的地方。我在日本去過許多溫泉區、泡過許多溫泉旅館，天平湯是我看過有最多孩子前來一起泡湯的溫泉澡堂；最有趣的是還能見到學生放學後來泡湯，並自在的找個寧靜角落寫起功課。

溫泉旅館和大眾澡堂，其實是不同的經營概念，但天平湯無疑將這兩種定位設計結合得極好，來到這裡，感受到的是「溫泉不只是溫泉」，而是以溫泉為中心，一個私人經營的空間早已成為當地居民日常生活的重要延伸。

從破產到翻紅，琴電的體驗行銷

另外，從高松市區開往佛生山的「琴平電氣鐵道」也值得一提。要去佛生山的遊客，可以購買琴平電鐵與佛生山溫泉合作的套票，車票就是一把扇子，上面蓋有日期戳章，是搭車跟溫泉的共用票券。遊客可以搖著扇子，在佛生山的街道散步，再走到溫泉入口處把扇子遞給工作人員入場，換得一條泡湯毛巾，這個套票設計也大受好評、深受遊客喜愛。

其實琴平電鐵曾在二〇〇一年宣告破產。當地居民對於琴電的服務態度不滿意，對外表示「鉄道は要るが、琴電は要らない」（我們要電車，但我們不需要琴電），讓接手琴電的新經營團隊大受衝擊。隔年，琴電復駛，以海豚作為吉祥物，（日文的海豚「iruka」發音與「需要嗎」同音），讓琴電團隊提醒自己要成為「被地方需要及受人喜愛」的電鐵。而為了加強和佛生山連結的意象，琴電也拍了一系列讓人印象深刻的海報，例如居民們把車廂當成溫泉澡堂的畫面，或是車掌們穿著制服泡溫泉的畫面，讓人對於新生的琴平電鐵感覺到既親切又可愛。

琴電的新經營團隊積極轉型，拍攝宣傳海報扣緊溫泉主題，例如車掌們穿著制服泡溫泉，吉祥物ことちゃん也一起入鏡。

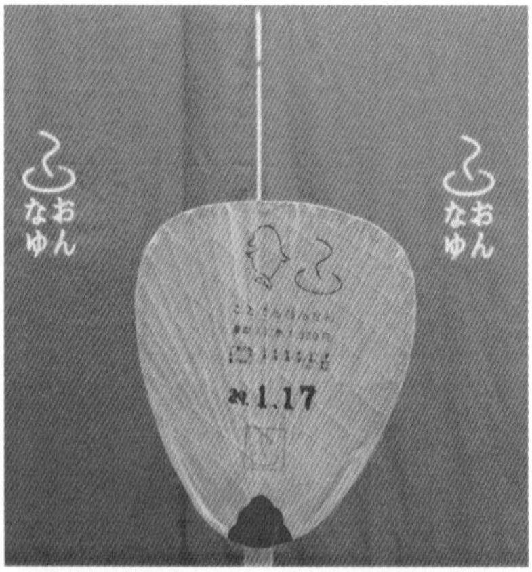

這把扇子是車票也是溫泉票，搭乘琴電的遊客可以搖著扇子悠閒的來到佛生山町，旅遊體驗從買票那一刻就開始了。(圖片提供／黃芮盈)

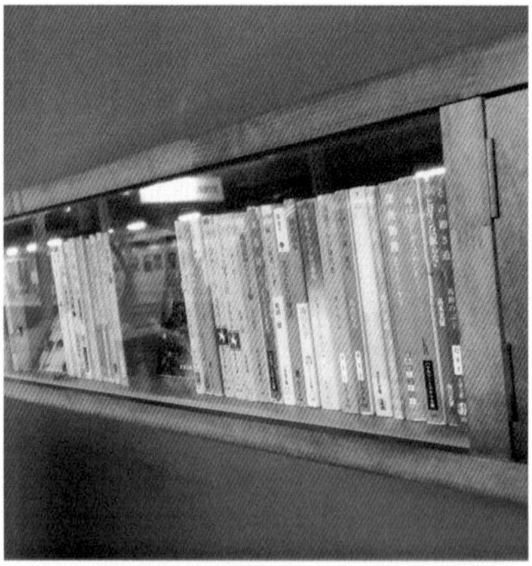

佛生山車站內的圖書區。

走過佛生山溫泉，讓人看到要改變一個地方並不難，也許要投入五年、十年，但重要的是確定目標：想要改造成什麼樣的地方？能否變成永續正循環的價值？例如我們是旅行業者，往往自認為我們帶著生意（客人）去到當地，但說穿了仍必須依靠當地提供的生態與生活，才有永續經營的可能性，生活、生態、生意三者皆需並行。

談到佛生山溫泉，也常讓我想起位於台南的關子嶺。台灣的溫泉區不少，但只有位在西拉雅風景區的關子嶺溫泉，是全世界屈指可數的泥漿泉質，這是全台唯一不可取代的特色溫泉。現在的關子嶺，有許多彷彿停留在過去時光的老店鋪跟旅社，但軟硬體品質能否跟上時代需求？新設立的旅館則是另一種極端，彷彿突兀的一刀劃開過去與現在。若是能有更多像岡昇平這樣年輕而願意付出時間參與改變的人，一定會有更多有趣的變化慢慢發芽，然後一個影響一個。改變的契機，就從撒下夢想的種子開始。跟岡昇平先生見面交流時，我簡單的謝謝他，讓我們有個學習的榜樣。

［佛生山溫泉快問快答］

佛生山溫泉怎麼去？
搭乘琴電於「仏生站」下車後往東徒步約10分鐘。平日營業時間11:00~24:00，例假日9:00~24:00，每月第四個禮拜二公休。

關於琴平線：
琴平線最初是由高松琴平電氣鐵道公司的前身之一「琴平電鐵」所經營，為了爭取前往金刀比羅宮參拜旅客所規劃，於1926年開始營運。

文青企業的典範：D&Department

——從設計出發，旅遊、美食深度化的生意經

「找出能創造長期需求的設計，那些在我們生活裡一直都被需要，但常常被忽略的物件。」這是D&Department提出的「長青設計」概念，依循著這個核心價值，開實體店、出版刊物介紹地方設計、規劃深度旅行……與D&Department結識十多年，它帶給我極大的啟發：就從島內小旅行的深度規劃開始，把台灣不同角落的精采，透過展覽或活動讓更多人知道。

D&Department從一間設計公司出發，如今開設十二家實體店鋪，觸角遠至韓國首爾與中國黃山，發行的《d design travel》雜誌已累計發行二十九冊（含增補改訂版），介紹了日本二十七個都道府縣，此外也辦地方物件展覽、開d47食堂，甚至開始規劃旅行服務，製播《LONG LIFE DESIGN RADIO》廣播節目……事業規模越來越大，企業的中心思想始終是「為地方傳統物件賦予新價

《d design travel》雜誌的每一期都會介紹一個都道府縣，希望分享團隊對日本47個都道府縣的觀察。

值」，讓每個地方的美好事物能夠被看見。

在二〇一〇年夏天，我們公司負責規劃臺灣工藝研究發展中心到日本參訪的行程。我認為除了傳統工藝匠人的觀摩，更可以多參考脫胎自傳統文化、但又帶有自我創新力的品牌，於是位於關西的TRUCK家具、graf設計團隊、奈良中川政七商店、D&Department，都是考察的重點。

全日本第一本設計＋旅遊的地方誌

D&Department設計公司由長岡賢明成立於一九九七年，二〇〇〇年他們在東京開設了第一家實體店鋪。我們的理念有些相似，雖然產業不同，但都想要了解，根植在某些地方的設計或文化為什麼會發生、怎麼發生的？從中去挖掘原因，並且將所獲所得透過旅行、物件、展覽、出版品等不同的載具呈現，然後傳遞給更多人。

長岡先生在田野訪查的過程中，發現每個地方都有不為人知的小故事值得記錄報導，於是D&Department開始從販賣地方選物的實體店鋪，跨入了雜誌出版業，二〇〇九年發行日本第一本以地方設計為主題的旅遊誌《d design travel》，每一期都會介紹一個都道府縣，從設計工作者的角度，去觀察地方的季節活動、不同咖啡廳的空間規劃、巷弄中特色的選物小店、生產在地物產如醬油或木材的傳統工廠、私房珍藏的視角風景……同時也推薦讀者認識當地的設計師、工藝家、料理人，以及擁有專業技藝的職人等。換言之，《d design travel》就像是真正的設計達人帶路，幫讀者精選出在地最厲害、最動人的旅遊看點與賣點。

食堂吃得到全國精華食材，旅遊深耕小地域

在《d design travel》順利出版後，二〇一二年長岡賢明接著在澀谷Hikarie百貨公司的八樓，進駐將近千坪的空間，開設實踐更多想法的複合式場域「d47」。其中除了原有的選物店「d47 Store」，還有「d47 Museum」，規劃以地方為主題的展覽。「d47食堂」使用的食材跟調味料，都是選物店裡從各地方網羅來的好食好物。

這一兩年D&Department又嘗試將雜誌內容實際執行，挑戰跨足另一項全然陌生的產業：旅行。這些旅遊特別企劃以深入體驗在地文化為主，主題明確，例如二〇二〇年一月所舉辦的「茨城縣央品味美食之旅」，便是帶著讀者實際直擊d47食堂料理人如何挑選出茨城當地的好食材，開發定食菜單，參加者可透過網站報名，如果報名者眾，還必須透過抽籤才能參加呢！又或者也有針對不想參加團體巴

d47位於澀谷的Hikarie百貨的八樓，有將近千坪的空間，屬於複合式場域。（圖片提供／周鼎祐）

土旅遊、但又希望能更輕鬆深入在地的讀者，D&Department也與佐賀縣、西鐵旅行株式會社合作，企劃共享旅遊（Share Travel），讀者只要選定想要參加的行程，於指定時間地點集合，就會有九人座小巴載大家趴趴走，費用除了需要分攤小巴的交通費，其餘在地旅行的花費都採現地支付，很簡單就可以體驗一場佐賀的酒鄉之旅或鄉土風味之旅。

不只代理商品，還要賦予意義

D&Department在經營策略上，不像許多選物店只是代理文創品牌或設計師商品擺進店裡，他們的做法是去找出原來就存在、擅長生產各色用品的工廠，那些人們生活中隨處可見卻沒被特別重視的產品，為它們找出更具有價值或更有創意的意義。比如在熱炒攤海產店常看到的啤酒六瓶裝塑膠提籃，將它改造成放置花盆的籃子；從前只在公務單位或銀行才會看到的鐵櫃，經由D&Department重新陳列和論述，民眾才發現這個強壯又厚實的大櫃子「啊，很酷耶！」。而挖掘跟轉化的動作，正是我覺得台灣文創業該做、也能做到的重要關鍵。

舉例來說，被稱為「打鐵街」的台北市興城街，裡面有許多打鐵老店，可以買到生產精良的鐵輪、銅錠、螺絲、鋼管等，但像銅錠這種工業元件買回去能做什麼？我買下數顆廢料放在桌上就變成很好看的紙鎮，連新辦公室的大門握把，都是我請師傅用實心銅柱打造的，它們就有了新的用途。

「d47 Museum」會不定期規劃以地方為主題的展覽。（圖片提供／周鼎祐）

每家D&Department幾乎都把店內最好的空間保留給「咖啡廳」（或食堂），而且一定使用當地製作的器皿、食材等，讓原本對「長青設計」理念毫無想法的人們，也因為進到店內用餐而體驗這些在地的美好。（圖片提供／顏至劭）

這些既古老又有趣的物件，其實台灣也到處都有，就看怎麼去尋找並重新賦予它意義。但是我常常看見國內的文創商品在開發的時候，只思考著外表的美感與設計，並沒有去想如何連結產業原有的技術基礎，所以無法掌握成本、規模，產能難以配合，也忽略了去承襲原來一直都在的生活記憶；相較之下，D&Department不只追求美感，而是一開始就把目標放在這些物件跟技術上，是我認為值得台灣借鏡跟重新思考的課題。

台灣也能有專為地方編輯的刊物嗎？

二〇一九年的台灣文博會，我們看到台灣也有《本地 The Place》刊物產生。總策展人由「衍序規劃設計」的劉真蓉擔任，她賦予展覽的概念是「文化的持續性」，將大主題訂為「文化動動動」。她觀察到許多人為了設計而去接觸地方，卻往往對當地極度不了解，便嘗試透過主展館的「演變舞台」，談論文化展演的前台、後台，提出不同的觀看角度，並邀請桃園、台南、屏東、台東四個縣市政府參與空間的策展，也衍生出「編輯地方」這個概念，由四個展區延伸出版《本地 The place》四本刊物。

統籌的總編輯李取中，也是《大誌》、《週刊編輯》的創辦人，他找來四位編輯分別負責四地的內容企劃與採集，使得這四本刊物幾乎是以「書」的形式被紮實的完成了。這樣一套地方刊物的出現，對當地的影響其實無法只看短期效益，當讀者帶著因為閱讀而更深刻的記憶和理解，有機會真正走入地方時，對當地的感受就會更加不同。

然而當展覽結束後，《本地The Place》還能夠延續嗎？當時配合文博會活動所編輯的這套刊物，經費來源是各地方政府的預算，若是能由民間企業贊助支持，或是私人投資製作，就能長期持續記錄更多地方的美好，關於這些地方無論是人或物的記憶，也可以藉由書寫一直被保留下來。很期待在台灣能有這樣一本記錄與展現地方的刊物，出現在屬於我們的土地上，長成自己的樣子。

[D&Department快問快答]

D&Department的成立：
1997年於東京設立公司，2000年開始啟動「Long Life Design」的「D&Department Project」計劃，並於同年11月在東京都世田谷區開設「D&Department」1號店，經過20年後已成長為年營業額超過11億7百萬日圓（2019年2月數字）的企業。

D&Department觸角到哪裡：
D&Department目前開設12家實體店鋪，分別位在：北海道札幌、埼玉縣熊谷市、東京都澀谷區、東京都世田谷區、富山縣富山市、山梨縣甲府市、京都府下京區、鹿兒島縣鹿兒島市、沖繩宜野灣市、韓國首爾市、中國安徽省黃山市，以及於2020年春天在韓國濟州島開幕結合住宿設施的新店面。

大地藝術祭，讓老窮偏鄉復活的解方？

——藝術祭是藝術也是生意，如何長久經營？

日本越後妻有大地藝術祭的代表性作品或設施很多，但最能感動我的，是上鄉歌劇院和上鮾池名畫館兩處，原因很簡單：把人和土地的聯結性放在最關鍵的位置，讓居民直接參與藝術。回到「藝術祭」的本質和初衷，在台灣，也許我們不一定需要一個大地藝術祭，但我相信我們需要更多類似上鄉歌劇院的創意。

近幾年藝術祭似乎成了遍地開花的顯學，擁擠的城市裡需要藝術祭，偏僻的山林海濱需要藝術祭，彷彿一提到地方觀光、一提到文創，不少人就想到來辦場藝術祭吧，最好每個角落都能擺上那些讓人似懂非懂的裝置作品，但台灣真的需要藝術祭嗎？這些年到日本陸續看過十幾次藝術祭，但真正驚豔又印象深刻的，通常不是那些IG或臉書打卡效果最好或創天價的藝術作品，而是屬於地方的策展活動，有當地居民參與其中、呈現自己的故事，最是讓人感動。

在自殺率高的孤寂雪國，用藝術打開對外之窗

日本是舉行藝術祭活動的大國，其中在台灣享有極高知名度的經典，當屬新潟在二十年前就開始舉行的「越後妻有大地藝術祭」，三年一屆，每一回都吸納許多國際級的藝術團隊參與。

要談大地藝術祭，就一定要提創辦人北川富朗。他在舉辦大地藝術祭之前，就已經是日本非常知名的當代藝術策展人及藝廊老闆，但讓他在策展界成名的代表作，則要回溯二十多年前、在東京市郊的「FARET立川」（ファーレ立川）公共藝術計畫。立川原本是美軍基地，是個希望靠藝術創造特色及氣氛的新市鎮，為了讓這個城鎮充滿吸引人的「溫度」，北川提出了很多大膽的想法，並帶進許多新興藝術家，讓藝術作品置入市街，與環境融合在一起。當人們穿梭在立川的大街小巷，處處都有令人驚喜的藝術作品相伴，這次成功的公共藝術策劃讓他一舉成名，開始獲得外界極高關注。

北川富朗催生大地藝術祭的初衷，是為了解決故鄉困境；他在觀察並省思新潟的景況後，萌生將藝術帶進故鄉、活化當地的念頭。新潟在日本古代屬於「越後國」，而大地藝術祭的舉辦區域就是在

用廢校改造的上鄉歌劇院，提供了經濟實惠的設施給表演團體使用，是廢校再生利用的成功案例。

新潟南邊的「妻有」，這個地名在日文裡有「盡頭」之意，每到冬天就變成白茫茫的雪國，有將近半年會被冰雪覆蓋，在古時候曾是流亡者或走投無路的人才會來到的失意邊境。但實際上，被冰雪長期覆蓋得以休養生息的豐富山林資源，反而賜與此地肥沃乾淨的土壤和水源，這也讓新潟得以產出享譽世界的越光米，一直以來穩居好米好酒的最佳產地。

然而即使物產豐富，每到冬季依然得迎接連月豪雪，降雪往往多到可以覆蓋住整間屋子，冰封大地導致生活艱困。當上越新幹線一開通，年輕人紛紛離開家鄉移居至都市，而來自東京的遊客卻多半只到最南邊的大站「越後湯澤」周邊去滑雪跟消費，往往不會再驅車深入新潟其他地方，因此越後妻有地區始終缺乏觀光活動或新興產業可以發展。於是，和許多又老又窮的鄉村一樣，最後只留下了老年人和空屋。家鄉蕭條、親友陸續搬離的空洞，日漸老邁和慢性病逐漸上身，加上冬季被雪封閉的無盡孤寂，日積月累的無力感，讓當地老人家的自殺比例一直居高不下。

家鄉有如一灘死水的現實狀況，帶給北川富朗極大的衝擊。

北川想試著以自己最擅長的藝術策展來改變現狀，他和當地政府討論，希望透過藝術介入地方，讓已經走出學術殿堂的當代藝術擺脫所有框架，為當地帶來不同風景。首先，他協商及盤點政府或地方所能提供的空屋及土地，其次才帶進藝術家，讓來自不同國家的藝術家團隊與當地的風土人文互動、發生關聯，進而產生創作。在極少的預算下，他開始媒合願意嘗試的藝術家、企業、政府單位，終於，在二〇〇〇年第一屆越後妻有大地藝術祭誕生了。

上鄉歌劇院：讓地方與表演團體雙贏

大地藝術祭每三年舉辦一次，範圍涵蓋越後妻有廣達七百六十平方公里的地域範圍，由於人口外移嚴重，當地有不少廢棄學校，藝術家就利用這些閒置空間作為藝廊、展場，其中最厲害的空間再利用典範，我認為是位於津南的上鄉歌劇院（上郷クローブ座），這也是我最喜愛的據點之一，這裡實現了偏鄉從未曾想過能擁有的藝術表演空間！鄉村人口少，根本沒有建造藝術表演中心的需求，打造上鄉歌劇院的主辦單位很清楚這個現實，但轉彎換個思維：「我們可以把表演者帶來啊！」他們的方法是提供外來表演團體集訓跟排演的地方。

在上鄉中學校舊校舍的一樓，一桌桌附帶有洗手台的化學教室，被改裝成期間限定的餐廳，請在地媽媽們使用當地土產的美味「地元」食材，編排設計有趣的上菜秀及說菜橋段，一邊說故事表演，一邊端上對應的菜色。例如以江戶時代作家鈴木牧之的著作《北越雪譜》為題，媽媽們一方面講故事，一方面將從小到大的記憶、屬於新潟的物產和傳統文化等元素通通串連起來，不管是一顆灑了鹽巴的飯糰，或是雪地裡挖出來的細小紅蘿蔔，透過故事端上桌，都變成遊客難忘的飲食體驗。

除了藝術祭期間限定的餐廳，其他的教室則改造成有上下鋪的宿舍，提供長期平價的住宿和在地的餐食給集訓的表演團體，相對於城市租金高昂的排練空間來說，這裡成為一個絕佳的練習場所。當排練結束、集訓完畢，在正式公演前的最後一次彩排，便會將大禮堂做為舞台，邀請當地居民一起參與另類的首演。靈活運用廢棄校舍的上鄉歌劇院，給居民更多與外地人互動的機會，並為地方創造收益；對藝術團體來說，則是提供了環境優美又能降低成本的完善空間。一個老空間改造，滿足了兩方的需求，是非常聰明的創意。

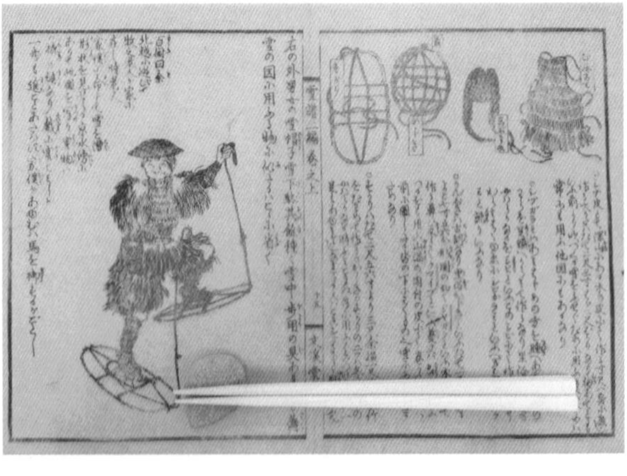

每一屆的上菜秀都有一個與當地有關的故事主軸，二〇一五年便以鈴木牧之所著的《北越雪譜》為題，演繹述說江戶後期越後魚沼的雪國生活。

上鯤池名畫館：居民就是創作主角

另一個同樣很動人的景點是「上鯤池名畫館」，這也是以當地居民為主角的一個有趣空間。名畫館的一樓販售當地農產品及自家醃漬品；但當你爬上二樓，便會發現另一個世界：這裡每一幅攝影作品都是當地居民模仿演出各種世界名畫的樣子，有臉圓圓的微笑女性是《蒙娜麗莎》，光頭大叔在橋邊托腮演出孟克的《吶喊》，一大群人跪坐在榻榻米上吃飯喝酒演出耶穌及十二門徒《最後的晚餐》……在這裡，「藝術融進生活」不是口號，而是真正能帶給居民元氣、改變人們的生活觀，或許這正是藝術祭所渴望創造的最大價值。

越後妻有大地藝術祭已有二十年歷史，每屆都創造了超過數十萬的造訪人次（官方統計二〇一八年參與的藝術家團隊來自四十四個國家、超過三百三十五組，遊客約五十四萬八千人次）。在台灣，當很多人看到這麼荒涼的偏鄉也能帶進如此龐大的觀光人潮、創造驚人的收入，簡直是成功的商業模式，但往往忘了，大地藝術祭最重要的本質是人和土地的連結產生效應，除了要把人流帶進來，更重要的是能否讓更多人看到當地真實的面貌，進而讓當地居民感覺被認同、看到自己的家鄉被喜愛。

為了增進越後妻有與其他區域的互動，大地藝術祭從第五屆開始也加入「JR飯山線藝術計畫」，利用連接長野縣與新潟縣的JR飯山線，在車站展出作品。

台灣藝術家幾米二〇一五年受邀在土市站與越後水澤站設置藝術作品。

二〇一八年台灣藝術家林舜龍在津南地區的巨大創作《跨越國境・絆》，動員了穴山當地村民與宜蘭冬山鄉珍珠社區協力完成。

因為有了藝術祭，地處山林之間的越後妻有地區湧入了來自世界各地的藝術家和訪客，當地許多老人家一輩子沒看過外國人，但因為活動有了互動甚至參與創作的機會；另一方面，此地與都市截然不同的生活氛圍，也讓不少遊客愛上這裡。如今每到藝術祭來臨前，老人家們就開始自發的整理居家環境、種植花草，即使不是每個人都有機會參與藝術活動，也都覺得有責任將家鄉整理得乾淨美麗，以迎接即將到來的人們。

來自台灣的藝術家幾米在二〇一五年也有兩件作品參展，分別位於JR飯山線的土市站與越後水澤站。我們到訪時碰到當地的老奶奶，老人家為了能和來自海外的客人溝通交朋友，還特地去學了簡單的英文，她開心的向大家介紹作品和當地的風土人情——從居民的笑容裡，我們能最直接感受到他們對於活動的期盼。

[大地藝術祭快問快答]

大地藝術祭範圍比東京都23區還大？

藝術祭作品分布的範圍面積超過東京都23區總和，主要包含十日町、津南、川西、中里、松代、松之山等六個地區，農田山林或老廢屋舍都可能是各國藝術家的展演舞台。

參觀人數有多少？

第七屆（2018年）會期中遊客人次為54萬8380人次，比2015年會期增加3萬7690人次（成長率7.4%），創下到訪人次新紀錄。

從瀨戶內國際藝術祭看台灣模式

──我們需要什麼樣的藝術祭？

辦藝術祭的風潮從日本吹向台灣，這些年台灣各地方政府舉辦各種藝術祭活動，例如花東的東海岸大地藝術節、台南的漁光島藝術節、屏東的落山風藝術季，甚至有橫跨五縣市的台三線藝術季……但民間也出現另一種聲音：「台灣需要藝術祭（季）嗎？」我認為，台灣的確需要「有在地思維的藝術季」，但不是日本模式的藝術祭，這和地理位置、藝術祭的發起背景和營運模式有關。

日本最受關注的越後妻有大地藝術祭和瀨戶內國際藝術祭，都有其位處偏遠、交通不易抵達的地理因素，為了吸引旅人前往到訪，持續舉辦藝術祭，但關鍵是，他們怎能夠歷經十年、二十年的運作依舊穩健成長而人氣不墜？大地藝術祭的關鍵人物是日本知名策展人北川富朗，為了振興家鄉，他動用手上的人脈資源，請託一個個知名藝術家到新潟，參與創生計畫進行創作，雖然單單透過大地藝術祭的實質收益並不高，但可以讓民眾、媒體與企業界看到藝術家的精采作品，透過北川富朗經營的Art Front Gallery藝術經紀公司引介，進而購買收藏、讓創作者揚名海外，藝術家和地方形成互利、可持續運作且支持地方的商業模式。

至於瀨戶內國際藝術祭，則因為有在地企業倍樂生集團的支持，用藝術讓被遺忘、拋棄的小島重生，創造出新的永續經濟價值。

海的復權，找回島嶼精神的價值

倍樂生集團的福武基金會理事長福武總一郎，在二〇〇三年造訪了新潟的越後妻有大地藝術祭，學習到如何與地方建立關係，並在二〇〇六年開始擔任大地藝術祭的共同製作人，他藉由這個契機，邀請北川富朗一起籌辦瀨戶內國際藝術祭。其後，他便開始與香川縣政府討論是否能由政府經費

如白色貝殼的「男木島之魂」是島上的旅客中心，屋頂上以八國語言拼寫而成，歡迎各國旅人的到來。二〇一九年總造訪人次為71809人。（圖片提供／顏至劭）

支持，讓瀨戶內海也能有一個如大地藝術祭般嶄新的大型藝術計畫。

自二〇一〇年開始，每三年舉辦一次的瀨戶內國際藝術祭正式啟動，短短幾年間，就成為日本最重要的藝術祭之一。福武總一郎邀請北川富朗擔任藝術祭的整體策劃，並以「海的復權」為主要精神。人類早期依靠著海洋移動、補給與生存，完成各種生命的夢想，可是經過漫長的時間轉移，進入工業化時代，人類與海的距離越來越遠，而小島上人口稀少，於是人們開始把小島當成廢棄場，「不要的東西就放在那裡吧！」導致海洋從孕育生命的舞台，成了被遺忘的棄置所。這樣的反思與哀傷，正是源自於瀨戶內海各島嶼真實經歷的過去與現在。

欣賞瀨戶內國際藝術祭時，遊客會覺得島上自然與藝術交織的景象很美，但其實在這之前，每座海島都有不同的艱困、不同的沒落景況，不少島嶼都是經歷了重工業的興盛到衰敗，最後被遺忘甚或遺棄，其中豐島更被不肖商人非法掩埋產業廢棄物，大島則是移送痲瘋病患強制隔離的所在地，如今仍然有病友生活在島上，見證那一段傷痛難以抹滅的歷史。

瀨戶內國際藝術祭倡議「海的復權」，要實現的是一個重大的行動反省，面對真實存在的現況，透過實際參與共同面對，除了大島被與世隔絕的痲瘋病院、豐島非法掩埋的產業廢棄物，其餘每個島嶼也都面臨人口外移和老化問題，這些困境在這個大型藝術計畫中一步一步被討論、實驗、執行改變的可能性，也因此讓沒有聲音的地方再度受到重視。

「海的復權」要實現的是重大的行動反省。如圖中遠看這隻看起來色彩繽紛的藝術作品，其實是藝術家從海洋收集空罐與寶特瓶等垃圾，以及家庭垃圾所製作的海鮒（黑鯛）藝術品。（圖片提供／顏至劭）

在直島的本村地區到處都可以看到掛在民家前的暖簾，這些都是出自於岡山的染織藝術家加納容子的「暖簾計畫」，以草木染的方式，為各種店面或古民家手染出最能展現他們特質的圖樣。（圖片提供／顏至劭）

比較大地藝術祭和瀨戶內國際藝術祭，前者在越後妻有談的是「人的連結」，但環境尚未面臨人為的太多破壞；而瀨戶內國際藝術祭面對的是各個被傷害過的島嶼，希望藉由藝術祭讓那些地方恢復生氣，讓人們親近，並從中反思我們對待海洋、對待環境的現況，以及應該重新建立哪些被遺忘的觀念跟價值。

當人們走進藝術祭，若只是在各個作品中拍照留念，卻不理解或不去理解背後的目的，那就可惜了策展單位和所有參與者投注在這些作品上的訊息跟心情。

《小豆島之家》，促成兩村落的和解

在瀨戶內國際藝術祭中，也有幾件台灣藝術家的重要作品和當地有許多互動，最具代表性的是王文志老師，打從藝術祭第一屆開始，他就持續參與在小豆島上的創作。他創作的地點是連接「肥土山」和「中山」兩個村落間的梯田區。其實這兩個村落長期不和，這也意外成了他在創作時得面

王文志老師在小豆島上一系列的竹編作品，內部寬闊的空間讓每個人在其中可以自在感受陽光、溪流、風聲鳥語各種變化，無需言語就能體會當地環境訊息。（圖片提供／顏至劭）

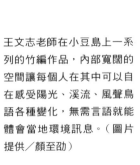

對的真實問題。王文志是竹編藝術家，需要使用當地盛產的孟宗竹來創作，每次需要四、五千根竹子，砍伐後直接現地使用。在創作過程中，他邀請兩村的居民共同協助從砍伐到後續加工，甚至協助創作團隊搭建成型。漸漸的，因為共同合作開啟了兩村的交流，二〇一〇年在完成《小豆島之家》的空間裡，兩邊居民有了促膝溝通的機會。從一開始的漠然，到後來每一屆都成為兩村居民共同的期待。

「這一屆王老師又會帶來什麼作品呢？」與作品一起生活的居民有人開始寫部落格，有的人在藝術祭開始之前就自動自發先砍好竹子，準備一起參加創作。當作品完成後，內部寬闊的空間可以讓每個人都把自己置入其中，感受從竹編縫隙間流瀉下來的陽光、旁邊溪流的潺潺水聲、風吹進來的空氣變化，以及周圍陣陣的蟲鳴鳥叫。這是一個不論外來客或居民，都可以無需言語就能夠交流、體會當地環境訊息的系列作品。

《跨越國境》，入選日本中學教科書

另外一位是台灣藝術家林舜龍老師。他的《跨越國境》系列作品，有兩項最受到注目，其中一個是位於高松港的種子船。二〇一三年初建的時候，全數材料使用「八八風災」的漂流木，在完全沒有設計圖的狀況下，靠著原住民工班的技術，在豐島做出一個九米高、棋盤腳種子形狀的大型船體，在作品自然損壞拆除後，又在二〇一六年於高松港重建。藉由種子隨海漂流的意象，這個作品讓人們感

2019年林舜龍老師的《跨越國境》系列作品〈波〉，延續2016年的創作《跨越國境・潮》世界小孩的主題，希望引起更多人關注小孩及環境保育的議題。（圖片提供／王姿淳）

受到世界的流動與寬廣，也因此被選入了日本中學生的美術教科書當中，希望給孩子們更多的國際觀。

在種子船重建的同一年，林舜龍老師同時在小豆島創作了另外一項作品。

二〇一五年敘利亞難民船翻覆，三歲男童伏屍海灘的照片震驚全世界，受到衝擊的林舜龍，隔年夏天在小豆島大部港的沙灘上，用糯米粉、石灰、黑糖等材料和當地的海沙相揉，創作了一九六位泥沙雕塑而成的兒童像，代表來自一九六個國家（日本所承認的國家數），命名為《跨越國境．潮》。這些「孩子」在遭受風吹日曬雨淋後，身上的泥沙一點一滴崩解，甚至完全散落後，會露出藏在軀殼內的白玫瑰以及其所屬的城市名稱。

仔細端詳孩子們的面容，會發現大自然的風化讓每個人的表情都不盡相同，這件作品也帶給日本人很大的震撼，因為泥沙風化的過程像是櫻花凋謝時花瓣朵朵飄落的樣子，帶有美麗生命消逝後的哀愁，當時NHK甚至為這件作品特別拍攝了紀錄片。聽林舜龍老師說，當地的老人家一直堅信每個兒童沙雕都是有生命的，因此當二〇一六年的展期結束，部分未被風化的孩子還佇立在沙灘上，為了讓這些孩子回歸塵土而特別舉辦了儀式，懷著不捨的心情送他們最後一程。

現在對當地的居民來說，這幾個來自台灣的作品有如島上的大使，當地很多老人家更自發成為藝術祭的志工，熱情的接待來訪的客人，並且以介紹自己孩子的態度，與遊客分享這些讓這座島被看見的作品。

我常常跟朋友聊著，如今瀨戶內海已經是個很容易抵達與親近的地方，因為居民和倍樂生集團在思考島上的建設時，都將目標放在如何使當地更容易讓人到來，更主動讓人感受到當地想要傳達的訊息。

盤點資源、連動地方，延續藝術祭生命

而我每一次想到瀨戶內海，也都會想到蘭嶼。

因為我們需要用電，而核電是在永續能源還無法穩定接續時不可避免的現實選擇，可是對於核廢

料的處理，我們的解決方法卻是將它們放到一個「啊，那裡離台灣本島最遠，那裡人最少，聲量最小」的島嶼。講起來不合理，但我們自問花多少心力關注這件事？結論總是令人無奈。因為它遙遠，因為我們沒有勇氣面對接受真實之後的成本，因為我們還提不出更好的解決之道，正因如此，乾脆轉身先不去想。就這點來說，民間的我們跟政府其實沒有兩樣。

從瀨戶內國際藝術祭反思，其實蘭嶼才是台灣最需要辦藝術祭的地方。蘭嶼同樣有著被遺忘小島的哀愁，本身也有著豐厚的文化故事，這個小島應該被重新看見。當我們思考用藝術來「創生」地方的時候，不該是為了辦藝術祭而辦，就像我們看到台灣的藝術家參與瀨戶內的地方創作，不是純粹為了展現作品，他們用作品來訴說土地的故事才是核心，台灣有這種能量，我們需要的是重新檢視辦藝術祭的意義。

藝術應該是一種連結美好生活的媒介，一種關注地方的方式。而和日本最大的不同是，台灣的藝術季（或藝術祭）興辦多由政府單位發起，要如何能持續性的進行？首先，當然要把預算做最有效的運用，盤點從鄉鎮區公所、縣市各局處到中央政府，能投注在這個地方的各種活動預算總共有多少，甚至包括公共建設的經費都可以一併納入考量，而不是「用一次性的預算辦一次性的活動」。例如東海岸的主題是「海洋」，台三線的主軸是「客家文化」，從一整年大大小小的地方活動、甚至到公共工程如果都能圍繞著同一件事來進行，就像是日本新潟把土石流擋土牆變成公共藝術一樣，讓各單位有系統並在同樣的思維下打造地方，就能讓經費發揮最大效益，突顯出各地的特色。

而台灣的民間企業也並非沒有角色可以發揮，像是富邦集團主辦「粉樂町當代藝術展」，勤美集團規劃台中綠園道，在本業獲利之餘，亦成立基金會投入地方活動和建設，以共好的方式同時塑造企業品牌形象，回過頭再幫助本業更賺錢，如此形成善的循環，這也是台灣可以透過藝術活動展現地方價值的方式之一。

[倍樂生集團與直島的藝術發展]

提到福武書店的代表作《巧連智（巧虎）》，應該很多人會「啊～」一聲感到熟悉！創辦人福武哲彥是個藝術愛好者，他過世後，大兒子福武總一郎接班，在直島打造了「Benesse Art Site Naoshima」（直島倍樂生藝術基地）計畫，把父親愛好藝術的精神貫徹到島上，1995年將福武集團改名為「倍樂生」（Benesse），以拉丁文原意「好好生活」作為企業精神。

福武總一郎在1989年邀請安藤忠雄在直島南邊從設置直島國際營地開始，1992年設計完成倍樂生之家（Bennese House）；2004年為了不破壞地表景觀，往地下建造的美術館落成，作為收藏莫內畫作《睡蓮》的建築，也就是著名的「地中美術館」。

倍樂生集團在直島一系列的藝術計畫擴展到周邊大小海島。原本的計畫包含融入當地歷史與建築的「家計畫」（Art House Project），將部分空屋置入藝術作品，讓居民參與藝術家的創作過程，持續了十多年，這也奠定了瀨戶內國際藝術祭的基礎。

老屋再生，沒落港都成最佳移居地

——十年磨一劍，尾道市的空屋銀行整合計畫

不論是地方創生或到鄉下創業，老屋保留與否都是兩難，從商業角度來看使用效益低、整修成本高，但從另一個角度思考，我們是把老屋當作有形的房地產，還是無形的文化資產？其實老屋再生所延伸的商業或社會價值，可能比你我原本想像的寬廣許多。尾道的空屋再生計畫從民間發起，後續回響之大，讓這個沒落的老港都找回文學都市的自信，也引起年輕人想來此觀光或移居的興趣。

尾道市是廣島縣一個依山傍海的港邊城市，位於廣島市和岡山市之間，在明治時代因位處海運和鐵道的要衝，發展成廣島縣東部的重要都市；而後一方面腹地發展有限，一方面產業轉型，面臨人

口外移的景況，留下許多山坡上的老舊空屋，如今因為「尾道空屋再生計畫」，這個氣氛和地形都有些類似基隆的港都，從年華老去再優雅轉身，成為許多年輕人、藝術家喜愛甚至想移居至此的觀光城鎮。

尾道市一邊有連通瀨戶內海的尾道水道，一邊依靠著尾道三山，曾因為港口的地利之便，產生了盛極一時的造船、拆船業，由於平地有限，早從江戶時期，住宅就不斷往山坡地上蓋，有一般勞工階級的住宅，也有不少富商、新富階級依著山勢蓋起豪華宅邸或別墅，因此出現許多和洋混合的建築。但當時缺乏基礎建設，更沒有自來水、化糞池、下水道等配套工程，久而久之，因為坡地路窄、房屋無法配置現代化的衛生設施，當人口漸漸外移，原本華麗古典的山邊住宅群，就因生活機能不便、修繕成本過高，地產商與當地居民都望之卻步，漂亮的老房子就成了破敗的閒置空屋，全市的空屋過多甚至造成安全問題。

日本建築師作家、尾道市立大學的兼任講師渡邉義孝先生，也是NPO法人尾道空屋再生計畫的理事，向我們敘述計畫的始末。空屋計畫發起人豐田雅子小姐是尾道在地人，在大阪求學，出社會後有很長時間投入旅遊業。當她回到家鄉尾道，看到泡沫經濟後家鄉有數量龐大的閒置老屋，感到十分可惜，便發起了「尾道空屋再生計畫」，致力整合民間力量，將一些老屋整修後保留、再生利用，從二〇〇七年開始經歷十幾年的運作，方逐步成形。

雖說目前已見成果，但過程有如一場漫長的馬拉松，就連空屋計畫的第一棟，由豐田小姐買下來的「高第屋」（Gaudhi House，建於昭和時代的舊和泉家別墅），也是直到二〇二〇年二月才整修完成。

不只修房子！發掘老屋的新用途

提到豐田小姐，渡邉老師笑說：「她是一個很有想法也能夠堅持執行的人。」也因為擁有超乎常人的執著，豐田小姐的決心跟行動激勵了很多人加入，成員中不但有建築師、設計師、漫畫家、家庭主婦、學生等，也有當地居民參與，他們先詳細清點尾道市的空屋，與屋主溝通後進行整理，以「空屋銀行」的概念媒合物件，無論是想在尾道定居或是開店的民眾，皆可針對找屋人的需求提供合適的物件參考。

空屋計畫初期實施的區域是尾道的山手地區，從江戶時期到昭和時期，陸續有不少富商在此蓋別墅，剛開始被登錄為老屋或空屋的物件就超過兩百件。

這些依著山坡地而生的老屋經過巧思改造後，如今呈現令人印象深刻的新風貌和各有趣味的運用，例如我們在當地看到可愛的一人麵包店，單獨一間像是卡在山壁縫隙中的小房屋，打開門後就只剩凹進去的小廚房，顧客想要買麵包只能透過廚房門上的小窗取物交易。

尾道背倚山城，面向瀨戶內海的尾道水道，航運發達，一九九九年連接島波海道的高速公路通車後，成為自行車愛好者的天堂，被喻為「瀨戶內的十字路口」。（圖片提供／王姿淳）

超過百年歷史的老屋見晴亭已被登錄有形文化財，也成為有名的咖啡店兼guest house。

又例如尾道商店街上有間「穴子（鰻魚）的睡床」，屋子本身是細長型日式京町家建築，大門口很小，但內部非常細長，經過整理之後，成為複合式的民宿，除了有咖啡廳、書店，長長走廊的尾端甚至還可容納市集。

空屋再生計畫並非只是單純的仲介物件，因為老屋的形體各異，尋屋人也有著各式各樣的需求，只要向計畫人員提出想法，工作人員不但會幫忙找尋適合的屋子，也會協同組織裡建築設計的專業人士，依據需求提供整修的諮詢，讓空間在使用上更為靈活。其中代表地方政府的尾道市役所則扮演法律、行政程序上的輔助角色，也媒合在地不動產公司進行簽約。

除了讓閒置老屋找到新生命，尾道的空屋修復更帶出文化保存的價值。例如「見晴亭」（みはらし亭），這棟超過百年歷史的老屋，位於前往千光寺山的半山腰，從屋內往外看，可以一覽尾道水道最漂亮的風景。因為位在山坡上，許多建材必須靠人力運送，修復見晴亭的成本極高，從短期的

彷彿被鑲入山壁縫隙中的小麵包店，整家店的空間只有凹進去的小廚房，買麵包要透過小窗取物交易。（圖片提供／張如淵）

商業角度評估看似不划算，但對於當地人來說，這卻是從小看到大、承載地方感情的代表性老屋，更是尾道市街的象徵。因此豐田小姐決定，就算沒有商業再生的可能，也要努力保留讓它成為歷史建築，最後她的堅持獲得許多認同，修復期間不但吸引到各界捐款及志工投入，連當地居民也主動前來協助，不少人還是全家大小總動員，這些努力讓見證尾道歷史的見晴亭終於登錄「有形文化財」。

整合需求，找到文化保存的價值公約數

我在台灣也看到很多歷史建築面臨去留難題，考量到財務問題與產權的複雜性，連光是保留都未必是務實的想法，還要救這些老屋嗎？有位朋友給我一個很好的答案：「再生文化資產，是為了現在的需求而做？還是為了未來而做？」

當我們看待一個文化資產，到底是把它看成「有形」資產還是「文化」資產？如果是前者，就不免從現在的價值去精算成本及能回收多少，好讓它變成可營運的實體，但若這個建物所代表的價值非數字意義，能獲得社會與民眾更高的重視，「文化」資產就有機會成立。

台灣的下一個挑戰是能不能更加重視「文化」的資產價值，有經濟能力的人，能否為後代子孫留下更多的文化資產？現在的老房子幾乎都是由認同文化傳承的年輕人所買下，用他們有限的能力去加以保留，但台灣擁有這麼多成功企業家，是不是能像義大利、法國、英國，成為文化資產保存推動的

這棟由豐田雅子小姐購買的第一棟老屋「高第屋」，始建於一九三三年，歷經十幾年整修終於在二〇二〇年修復完成，目前作為住宿設施及空間出租而被活用。（圖片提供／傅菽駗）

重要力量？

渡邊老師提到空屋計畫開始之初，受到許多當地建商的阻力，雖然計畫的範圍是山陽鐵道往山坡一帶，屬於建商沒興趣開發的範圍，但建商難免擔心另一側鐵路往海岸的平地區老屋，日後也成為保存計畫的一部分；為了降低阻力，再生計畫便取折衷方式，固守鐵道往山坡的範圍，藉此凝聚居民的共識與聲量，強化尾道居民對於保存老屋的支持力道。

台灣的文化保存或社區推動，也需要找到更有效溝通的方法，讓民間跟政府、不同立場的團體之間產生對話，從互動中建立彼此的信任。不過根據我的實際經驗，若急著要一次看到成效，在兩邊觀念及做法還有落差時便容易造成衝突對立，或許耐著性子從小資源開始著力，一步一步的做，和緩前進並持續尋求共識，如同豐田小姐超過十年的耕耘，反而才是達成目標最實際有效的路徑。

[尾道市快問快答]

城市基本資料：
總面積285.1平方公里，總人口數137,664人。以造船事業為主或相關的企業就有193家。自2008年以後觀光人口逐年增加，其中來尾道市騎自行車的人數有20萬4千人次。

空屋再生：
由組織主導修復的大型老屋有十四個成功案例，多數作為民宿、咖啡館、工作室等用途，其餘尚有透過媒合修復的空屋，以及由其他企業發起的空屋改造案。

NPO尾道空屋再生計畫：
初期實施的區域是尾道山陽鐵道以北的山手地區，被登錄為老屋或空屋超過兩百件；2013年10月增加東御所町、土堂一丁目、土堂二丁目、十四日元町等區域，至今成功媒合空屋再利用的案例已超過百件。詳見尾道空屋再生計畫官網（http://www.onomichisaisei.com/bukken.php?itemid=183）

里山十帖，獲獎無數的山間精品旅館

——雜誌人築夢，實踐文化價值的跨業傳奇

一間雜誌社可以將平面報導的理念發揮到真實空間的具體實踐，並且成功創造高知名度、高來客率，這件事情很瘋狂，卻也讓我看到無限可能。台灣的部落觀光是否也可以採類似的做法？創造一個空間，連結文化、美食、工藝，把這些實踐化為產值回饋到部落，建立正向循環、體現地方文化價值，就能藉此促進地方發展生生不息。

「里山十帖」是一個非常奇特的旅館案例。二〇一四年五月在新潟南魚沼開業，總共才十三間房，但三個月內住房率就高達九成，直至今日高人氣仍維持不墜。總社原本設在東京日本橋的雜誌

《自遊人》，長期關注有機生活、食物、農業等議題，創辦人兼總編輯岩佐十良常深思，既然雜誌內容都在報導各地的有機生活、有機種植這些理念，可是自己卻居住在東京市區、距離地方十分遙遠，這似乎很沒道理。正好在機緣巧合下，二〇〇四年有人告訴他南魚沼市有幢老舊待廢的古老溫泉旅館，他乾脆做了個大膽的決定：那就把整家公司搬到遠離都會區的新潟縣南魚沼吧！

搬到鄉下山間後，岩佐十良並不只是繼續出版雜誌，他運用身為編輯人的企畫能力，號召了一群理念相同的專家來實現他的夢想，把他跟大眾溝通的訊息實踐在這個改造過的空間中，其中包括建築師、平面設計師、武藏野美術大學，並委託雕刻家大平龍一做了一個造型巨大的木錘雕刻放置在中庭，下面以一個小人偶（大黑神）撐住這個大錘子，讓一進門的客人就能感受質樸但精細的力道。此外，他認為實現計畫最重要的環節，就是找理念相合的主廚，創作出很厲害的料理。他們整個團隊一起打造出十個概念（故事），並將旅館命名為「里山十帖」。

里山十帖的十個小故事包括食、住、衣、農、環、藝、遊、

《自遊人》談有機生活、食物、農業等議題，原本雜誌社位於東京，創辦人兼總編輯就是里山十帖的老闆岩佐十良。

癒、健、集等十項元素，將當地的農產、環境、織物、文化等包裹在一起，好讓住宿的客人可以體驗岩佐十良想傳達的空間概念。

以食為先，什麼才算是夢幻料理？

說起里山十帖原本的建築，其實是一間有一百五十年歷史的老舊溫泉旅館，主建築物是全木造的老房子，經過改造，這裡成了岩佐十良實踐對有機生活想像的真實空間。其中在十帖故事裡，我認為「食」是最重要的，因為要談有機生活，有機食材是非常重要的關鍵。里山十帖的米其林三星主廚設計了「早苗饗」，選用當地的有機米、野菜、酒等等，真正厲害的關鍵在於「如何表達出自然」。藉由盤飾、處理手法，以石塊、樹葉等各種在地的自然物件，讓料理成為「自然的傳遞者」。料理之美不在於多麼豪華或豐盛，而是真正重新讓客人認識每一種食材最細緻、最真實的味道。

岩佐十良找了雕刻家大平龍一利用大楠木做了一個十公尺高的作品「福小槌」放在中庭，能幫人實現任何願望的大黑神則是神態自若的撐住這個大鍾子，十分有趣。

其中，我自己印象最深刻的是「飯」。

新潟位在日本海側沿岸地區，每一年豪雪的時間非常長，從十一月開始，可能一路下到隔年四月，將近半年的時間，幾乎是整個山區被豪雪覆蓋的狀態。雖然生活不易，但當地也因為這些雪，獲得了優質的水，被覆蓋了整個冬天的土地，更因此蘊含了豐富的養分。

在用餐的時候，服務人員會在你的餐桌旁邊直接煮那一土鍋的飯，在將熟的階段，會拿一個大毛巾蓋在土鍋上燜住，直到它變成最好吃的飯。

里山十帖的「食」強調藉由處理手法，用石塊、樹葉，各種在地的自然物件，讓料理成為「自然的傳遞者」。

提到新潟，就會想到最有名的越光米，那是被拿來進貢給天皇、享譽全日本的好米，可是「吃飯」這件事，到底該如何創造出獨特的體驗？

里山十帖是這樣做的：在用餐的時候，服務人員會在你的餐桌旁邊直接煮一土鍋的飯，在最後米將要熟成的時刻，他們會請每一位客人拿著自己的碗，靠近土鍋邊，在鍋蓋打開的第一瞬間，看見米在鍋中晶瑩剔透的樣子。接著，每個人挖一小匙、連一口都稱不上的幾粒米，將它放在碗裡。於是你第一次仔細看著碗中非常漂亮的米粒，然後用很小很小的筷子尖端，把那些米粒夾起來送進嘴裡，因為很小顆，所以得認真的細細咀嚼，如果用吞的根本不會有感覺。

如果你問我，我覺得從米飯的好吃程度來講，它一定還不是米飯最好吃的狀態，因為飯要好吃還得燜過，我們入口時只是將熟的狀態，米心的硬度還存在著，可是正因為微微帶有硬度，所以你得很用心的去細咬，不能像平常扒飯那樣根本沒有認真咀嚼。當我們很認真的品嚐米將熟成為飯的那個時刻，也就是當我們讓嘴裡有足夠的時間分泌唾液，去轉化米裡面的澱粉，米的甜味自然滋生，於是你會感覺到：「哦，原來米的味道是那樣子！」在那個階段，就是在創造你跟米飯重新認識的機會。緊接著服務人員會馬上將土鍋蓋回去，拿一個大毛巾燜住，直到它變成最好吃的飯。

里山十帖在短短開幕的幾年內就拿下許多大獎，包括日本最佳旅館、最佳餐廳、優良設計百選（Good Design Best 100）等——說起來，如果有預算也許就可以做到？其實不然，這整個造夢、築夢的過

岩佐十良希望將里山十帖打造成具有啟發靈感之地，在百年古宅內展示了多位藝術家的作品，並挑選個性十足的家具點綴其中，即便只是不大的check in櫃檯，也處處展現其獨特的知性美感。

程非常瘋狂。原本專長是從事文字工作的雜誌人，因為對自己歷年來所採訪製作的題目極精熟並且深具信心，離開東京、勇敢的搬到了鄉下，把過去所有累積的專業跟理解，包含食物、療癒生活、藝術設計等概念，轉換成一個具體的、可以讓遊客來實際體會的住宿空間，意即將抽象的創意、生活文化轉化成創造真實的體驗，這在當時是十分創新的做法。

更重要的是，里山十帖並不是一間空有理想、孤芳自賞的昂貴民宿，而是住宿率很高、價格高端的精品級旅館，實實在在可以獲利並長保高人氣。在一個如此鄉下的地方，卻能創造出獨特的旅館文化跟地方價值，這必須來自對於所信仰的事物有強烈的信心才會發生。

花蓮石梯坪，用旅宿當體驗文化的入口

回到台灣，我常想我會在花蓮濱海的石梯坪實踐這樣的概念。假如我經營民宿，會選擇用部落傳統的料理來經營廚房、以部落悠揚的音樂創造住宿的聽覺體驗、將部落擅長的工藝跟質材轉換到住宿空間裡——我相信里山十帖可以創造全方位的體驗，石梯坪也有很好的條件。部落的前方是一望無際的海，當你來到這裡，可以面對太平洋享用料理、浸淫悠長的部落文化，原住民朋友對野菜相當熟悉瞭解，一定能創造出讓人更願意消費的價值。

再進一步來看，誰說部落觀光就是要把活動完全搬到某一個限定空間裡？何不把整個部落當成是

空間的延伸，遊客住宿的飯店或房間，不過只是一個入口而已。

我也在想，為什麼引起許多爭議的台東美麗灣不行？因為它沒有跟地方接軌，東海岸不需要也無法套用制式的飯店開發方式。當我們創造一個空間當作連結部落的入口，如果能夠透過這個模式創造收益，就可以鼓勵部落實際蓋回傳統建築、找回傳統文化，藉由這份文化資產創造收益，再讓更多產值回歸到部落。

[里山十帖快問快答]

里山十帖獲獎紀錄

- 2014年GOOD DESIGN AWARD BEST100（首次有旅館入選）
- 2014年GOOD DESIGN AWARD造物設計賞（中小企業廳長官賞）
- 2014年館內「天之川」被《週刊現代》「旅のプロ30人が選んだ2014年度・日本一の名旅館」票選為最佳溫泉
- 2015年新加坡GOOD DESIGN AWARD（日本旅館首次在新加坡GD賞獲獎）
- 2016年《週刊鑽石》「百花繚亂 日本度假村」特集，30家旅館總合滿意度調查中，里山十帖排在星野輕井澤與那須二期俱樂部之後獲第三名。
- 2019年JAPAN TOURISM AWARD入賞（以地域品牌創建的媒體型旅宿）

讓地方居民自動成為最強推銷員

——星野・虹夕諾雅輕井澤的十五年不敗秘訣

一家傳承百年老旅館，要怎麼改變體質、在短短十年內快速竄起，成為國際上最能代表日本旅宿文化的飯店管理集團？或許你住過星野集團林立各地的飯店，但要找到這個問題的答案，還是得回到奠基之地的「虹夕諾雅 輕井澤」，方能領略中興之主星野佳路的經營醍醐味。

「虹夕諾雅 輕井澤」是超過百年歷史的老旅館，第四代接班人星野佳路在九〇年代接掌旅館，初期因世代觀念差異遭到排擠，隨後短暫離開家族事業投身金融業，數年後回頭接班擔任社長，面臨著日本人引以為傲的日式傳統旅館，國際旅客卻不買單的衰退困境，二〇〇五年「虹夕諾雅 輕井澤」重

以融入大自然為主要概念，在不干擾當地景色的原則下去設計建造所有的建築。（圖片提供／星野集團）

新改造後推出市場便大獲好評，之後四處開疆闢土的輝煌戰績，讓星野佳路被日本媒體譽為「日本新一代的經營之神」。

星野佳路為老飯店提出的解方是「日本文化再發現」的品牌定位，要讓傳統日式飯店的繁文縟節變得更平易近人，不論日本或外國遊客都能藉由新的經營模式體驗日本文化的美好，因此他雖然大刀闊斧的將百年木造建築打掉，改建為「集落」概念的頂級度假村，卻維持星野集團百年傳統的水力發電，以能源的高自給率、有助環境永續自許，將硬體空間規劃融入當地地景，因此度假村本身就是個自給自足的山谷聚落，以大自然作為飯店的最大賣點。

微調過的日式服務文化，多元化的料理選擇

我在十多年前住過星野輕井澤，不含早晚餐的房價一個人就要三萬多日圓，雖然走的是頂級飯店路線，但空間設計卻意外的簡單俐落，重點都放在氣氛營造，星野佳路的策略是要讓外國旅客入住代表日本文化的旅館，又能滿足國際標準的頂級住宿體驗。

要把日本文化轉譯帶入新的住宿設計並非易事，例如在榻榻米上起居坐臥是典型日本文化，但一般外國人卻很難在榻榻米上跪坐或盤坐，因此便刻意在桌子底下創造空間，如此一來坐在榻榻米上也能夠伸腳保有舒服的坐姿，並將榻榻米上的日式鋪墊改成西式的床墊，符合國際旅客的睡眠習慣。而

蜻蜓之湯的外觀。（圖片提供／星野集團）

在村民食堂可以吃到當季的地元料理，就算不是住客也能來享用，重點是料理套餐定價多在三千日圓內，算是平易近人。(圖片提供／星野集團)

提供給房客傳統樣式的浴衣，在能夠呈現出浴衣文化的前提下，修改為外國人穿了也不會彆扭的衣褲形式……這些雖然是小細節上的修正，卻都能讓旅客同時體驗他們所喜愛的日本文化，又不會捨棄掉舒適性。

「一泊二食」是日式傳統飯店的強項，但外國遊客並不習慣每天都要在固定時間回到飯店用餐，所以星野的住宿方案不含餐食，畢竟內部餐廳的價格不低（早餐一客要三千日圓，晚餐更需八千日圓起跳），房客自由安排用餐的時間與地點，若不想花費太高的預算吃飯，度假村外圍也有集團營運的「村民食堂」，採木造建築，簡潔明亮，可以吃到當季地產地銷的料理，同時對飯店住客與外界開放，

榆樹街小鎮可買到當地牧場生產的冰淇淋和優格、也有農家經營的食品雜貨店，地方經營的咖啡店、和菓子店等。（圖片提供／星野集團）

價格平易近人。

食堂旁邊是星野的溫泉「蜻蜓之湯」，除了房客，一般旅客或當地居民只需花少許費用也能體驗一流水準的泉質與服務。當我看見穿著工作服、一身泥土的農夫爺爺走進溫泉更衣室裡，跟著旅客們一起享受溫泉，就能深刻體會星野佳路想把日式生活融入遊客體驗的企圖。

榆樹街小鎮、生態導覽，讓飯店真正融入地方

此外，星野打造「榆樹街小鎮」作為飯店與當地居民的商業交流處所，階梯兩側布滿木造房舍，除了有當地牧場產製的冰淇淋和優格，也有農家經營的食品雜貨店，當地居民經營的咖啡店、和菓子店等，創造有利地方發展的商業銷售場域。我不禁聯想，這場景若是換成台灣，大概會變成與地方居民毫無關係的便利商店、連鎖咖啡館、速食店，加上相似度高的伴手禮商家。

度假村也和當地一個野鳥保育組織合作，規劃提供導覽行程

非營利組織Picchio，包含野生動物研究、自然保護及生態旅遊，其中「飛鼠觀賞之旅」在專業人士帶領之下，有九成機會可以讓遊客看到飛鼠。（圖片提供／星野集團）

榆樹街小鎮的建造希望藉由企業的投資規劃與帶動，創造一個有利當地的商業銷售場域。（圖片提供／星野集團）

Picchio 野生動物研究中心成立於 1992 年，位在輕井澤野鳥之森，屬於星野集團管理的星野輕井澤區域。在日本環境省 2005 年舉辦的日本首屆生態旅遊獎中曾獲特獎殊榮。(圖片提供／星野集團)

的機構「Picchio」，由星野集團直接管理，所有人都可以參加行程，由導覽員帶領認識輕井澤的森林。當導覽員介紹著樹幹上的熊爪印記時，我發現一旁水塘邊露出黑色塑膠布，便問導覽員是否是人工打造讓動物飲水的地方，他笑說我眼睛很尖，此舉不光是為了方便動物飲水，也希望在不破壞環境的前提下，創造動物與旅人們相遇的機會。

這就是星野集團所展現的企圖，即便是沒有足夠預算住進星野的遊客，也要讓你喜歡上輕井澤的土地與森林，只要遊客愛上了這個地方，等到有一天經濟能力許可，便可能帶著家人朋友成為飯店的客人，環境永續的同時也創造經濟收入的永續。

[虹夕諾雅 輕井澤]

基本資料

客室數77間，2019年（截至當年10月）平均住房率88.3%，營業額3570百萬日圓。

獲獎紀錄

- 2008年土木學會設計賞選考委員特別賞受賞
- 2012年經濟產業大臣賞受賞(廢棄物再資源化率100%)
- 2014年GOOD DESIGN AWARD建築・環境設計部門・環境設計受賞
- 2016年《週刊鑽石》「百花繚亂 日本度假村」特輯，30家旅館總合滿意度調查「星野輕井澤」排名第一。

俠盜羅賓漢的利他好生意

——星野．虹夕諾雅竹富島　買地送股權的地域經營學

企業花錢幫地方買回已經售出的土地，這是只有熱血不顧現實的理想，還是一門搶佔先機提高競爭門檻的聰明生意？星野集團在竹富島買地送村民，很多人認為不過是出於形象考量，但社長星野佳路卻認為，他是經過長期思考計畫後做出對企業有利的事，而且是別人怎麼搶都搶不走的獨門生意。

一般人總是覺得如果企業成長成巨獸，必是透過掠奪地方資源來累積自己的財富，但就在距離宜蘭僅兩百五十公里的沖繩縣竹富島，星野集團在居民的求援下，把島上土地從美國開發商的手裡買回來，並捨棄蓋高爾夫球場度假村的計畫，與居民攜手規劃了一座結合當地建築風格與傳統文化的旅宿，並將一半的股權送給地方，乍看之下有如「俠盜羅賓漢」的手筆，自然引起業界討論。

從石垣島搭高速船約十分鐘就能抵達的竹富島，是八重山群島之一，面積不到六平方公里，島上僅存的三個村莊皆保留傳統木造房舍，以沖繩當地富含鐵質的土壤燒製成紅瓦屋頂，以充滿孔隙的珊瑚礁石堆砌成圍牆，屋頂放置鎮風除魔的ShiSa（沖繩的風獅爺），腳下踩的道路都是白沙，保持了島民最早的生活模樣。

沖繩的各離島中，只剩竹富島保留古琉球王國傳統的樣貌，被列為日本國家指定文化財。島上一百多戶人家共三百多位居民，在一九八六年凝聚共識、自動自發提出《竹富島憲章》，遵循著祖先遺訓訂下「不要把土地賣掉」、「不要汙染環境」、「不能違法亂紀」、「不破壞這個島上的一景一物」、「要對島上的事務充滿活力的參與」五個理念所形成的宣言，希望世代共同守護土地。

把土地留給地方，讓度假村成為第四個村落

十幾年前我在創業初期曾參訪過竹富島，發現當地也遇到所有離島偏鄉共同的問題：人口外流，商業交易變少，就業機會低，年輕人只能出外念書後留在外地工作。竹富島人口逐漸高齡化，學校

竹富島憲章。

被廢校或者合併，醫療機構也因為規模太小停止營運。當島上的人越來越少，還有誰能遵守長輩留下來的共識宣言呢？於是土地就開始被一塊一塊的賣掉，直到無法挽回的局面。

當時竹富島正被美國財團有計劃的收購土地，進行高爾夫球場與度假飯店的開發，當地人才開始有了危機意識，他們主動跟日本財團求援，最終找到了星野集團。星野決定幫居民把土地買回來，並且將投入的費用設定在一定年限回本，之後跟地方共同持有飯店土地百分之五十的股份，地方居民往後能繼續有穩定的土地租金收益，如此一來不但星野能在島上永續經營，島上的土地再也不用擔心流到外國人手裡。星野提出的條件是高達九成以上的居民願意接受的，其次，星野最終完成的度假村規劃設計，完全比照當地聚落的傳統房屋興建，讓居民相信這是個善意的承諾。

星野集團的「虹夕諾雅」系列飯店向來有尊重文化及環境永續的宗旨，在竹富島的建設更是徹底融入當地文化：先進行了大規模的田野調查，將度假村的建築以島上傳統的工匠技術蓋回原本形式，全部房舍坐北種植福木擋風，朝南開窗引入氣流，屋頂上也立著古琉球傳統的風獅爺。以前島民為了解厄避鬼，會刻意將巷弄劃分得非常曲折，後來因為時代變遷要方便車子通行，有些區域便將原來的彎曲路徑都改掉，但星野集團反其道而行，決定犧牲交通的便利，反而將巷弄恢復成原來傳統的模樣，讓度假村成為竹富島上的第四個村落。

連風獅爺也遵照竹富島傳統，絲毫不含糊的立上屋頂。

竹富島虹夕諾雅度假村全部房舍座北種植福木擋風，朝南大開窗引入氣流，建築以島上傳統工匠技術蓋成。

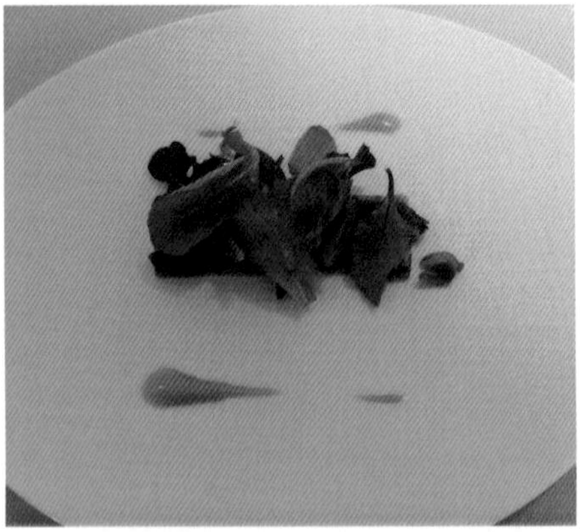

以「創新琉球(Ryukyu nouvelle)」的料理概念，結合法式料理技法和沖繩飲食文化及食材。

所有餐具皆由沖繩知名陶藝家——大嶺實清所製。

保護自然、尊重文化，反而提高競爭門檻

我曾經問過社長星野佳路，他對於竹富島的經營心法，究竟是商業還是公益上的考量為重？他說身為經營者必須對投資者負責，不可能只用好聽的理念與形象去營運企業，對他來說，竹富島當然是商業考量下投資經營的旅館，但是他在決策時思考了幾點：第一，不可取代性。硬體可以蓋新的，但自然文化不能被取代，竹富島擁有的自然與文化就是不被取代的優勢。第二，經營旅館不能只看短期三、五年的獲利，拉長到二十年、四十年，「舊」會更有價值。第三，共好的商業模式建立讓競爭者無法超越的門檻，星野花了很多力氣取得居民的信任跟認同，蓋了一座符合當地期待與尊重文化的飯店，這也是日後星野進入其他地方最好的典範。

我在當地也問過一些居民，對於星野度假村有何評價？結果連村裡的阿嬤也能認同，他們知道星野不會把生意「都只留給自己」，而是會考慮村落的參與，像是會邀請當地音樂家到度假村裡演奏，也將島上許多島民店家推薦介紹給

客房照明由ICE都市環境照明研究所總經理武石正宣設計，他認為保留自然光源更為重要，避免使用強光並遮住向上投射的光線，以最少的照明干擾為原則，希望賓客感受大自然皓月繁星之美。

住客。

星野社長說：「當我們對地方作出了努力，這就會是商業經營上所累積的資本，未來其他開發案的所在地，居民們也會因此而認同，相信我們可以落實承諾把事情做好。」

這就是為什麼我始終認為竹富島是談地方創生很重要的案例，當我們在台灣談文化保存、談環境保護、談永續發展的時候，許多人常常直覺反應商業機制下的大財團就是惡，然而這樣一刀切的態度，讓商業永遠只能站在文化及環保永續的對立端。全世界有很多已經躋身財團規模的企業，依然在做很多「對的事」，像是我很喜歡的企業Patagonia，靠登山用品獲得龐大的利潤，他們的宗旨為「山是需要被保護的資源，只有山被保存為原來的樣子，Patagonia才能夠繼續因商業行為存在」，所以Patagonia決定成為以社會責任、以地球永續為目標的企業，規定員工每人每月工時的一%要拿來做公益，同時投入了大筆資金用於社會公益。

作公益不只是利他，也能有獲利的商業邏輯

星野竹富島可以作為台灣旅宿的業主很好的參考，可惜每當我分享竹富島案例時，多數企業都持保留態度、認為不划算，頂多只能塑造品牌形象而已。但回頭看看，企業如果只想著「是我給你們當地居民工作機會、養家糊口」，缺乏像竹富島這樣的利他共好精神，就容易處處產生衝突，例如爭吵多年的東海岸美麗灣一案，開發商若能誠心和居民共同創造在地價值，又怎會面臨如此強烈的反對？

現今台灣尚未出現像竹富島一樣成功的案例，是因為地方的民眾很少被好好對待，旅宿業者往往覺得沒必要再去做一個全新的、大膽的，甚至是需要長期投入而不是短期獲利的做法，但我認為台灣的旅遊市場規模其實很大，國內具有很強的消費力，從涵碧樓、秋山居、牡丹灣、虹夕諾雅谷關等飯店案例來看，這些高價、品質好的旅館總有人願意提早預約排隊入住。台灣兩千三百萬人口中，每年有一千五百萬人出國旅行；相較之下日本有台灣六倍人口的一億兩千萬人，每一年卻只有三千萬日本人出國，好旅館的潛在市場就擺在那裡，端看業者有沒有遠見與企圖心。

我常以忠泰建設為例，他們的基金會除了執行社會責任，也同時經營品牌價值，這十年來他們不特別強調公益性質的教育推廣或環保，只是專注在建築本業延伸的美學推廣，持續找建築師辦活動，告訴大家建築的形式、藝術與建築、社區與建築之間的關係，培養出人們對建築美學、對社區參與的認同感，自然會回到讓消費者願意買忠泰建設蓋的房子的商業邏輯。

也因此當我們看到忠泰建設投入萬華的「新富町文化市場改造」、「中山創意基地」等地方創生的個案，表面上看似不賺錢的生意，最終依然會回歸到母企業身上創造更多的收益。若企業還是將思維侷限在花少少的錢做一個基金會，只為了公益招牌和抵稅目的，便失去了企業的社會價值與責任，無形中也失去了巨大長遠的商業利益。

[竹富島快問快答]

竹富島基本資料：
為八重山群島之一，除竹富島外，還包括石垣島、黑島、小浜島、加屋真島、新城島、西表島、鳩間島、與那國島與波照間島共11個有人島，另還有多個無人島所組成。

島上人口數：
326人（2019年資料），然2019年的入域觀光客數達到512,388人次，優於西表島，僅次於石垣島。

星野・虹夕諾雅竹富島：
客室48間，2019年平均住房率83.2%，年營業額1389百萬日圓（截至當年10月）。

不打掉重來，也能反敗為勝

——不做 me too 的星野山梨八岳酒香度假村

台灣有很多鎖定親子市場的大型度假飯店，但飯店設施往往滿足了小孩卻忽略了大人，結果成為小孩的天堂、大人的地獄，但星野旗下的「RISONARE 山梨八岳」是個成功的改造案例，雖然也主打親子市場，經過重新定位為「大人的天堂」後，住房率從四成的低點一舉提升到八成。

星野集團除了大多數人熟悉的虹夕諾雅頂級度假村系列之外，還有以日式小型溫泉旅館為主的「界」系列，以及大型度假飯店品牌 RISONARE，「RISONARE 山梨八岳」在二〇〇一年由星野集團接手經營，三年後轉虧為盈；二〇〇六年推出「酒香度假村」的構想，成功塑造了山梨八岳的品牌特點，在多元家庭旅遊市場中連結地方特色，找到清晰鮮明的市場定位。

「甜椒小路」充滿了中古世紀風情，包含美食、戶外用品、伴手禮、兒童服飾等近二十家店鋪，大人小孩都可以在此悠閒逛街。（圖片提供／星野集團）

山梨八岳是台灣市場中具有龐大需求卻少有供給的產品，一般郊區的大型度假村常將「孩子的天堂」設定放在首要需求，但如何讓想帶孩子玩得開心的爸媽，也能同時無比歡樂、放鬆度假？山梨八岳將自己定位為「大人的天堂」，除了設計很多活動讓孩子玩得開心，也針對大人們安排輕鬆享受的設施與行程。

把吃喝買樂需求配置在飯店中心

飯店在孩子騎腳踏車與上課教室的對面，隔著中庭設置了超大的Books&Cafe閱讀空間，一半是擺滿書籍雜誌的知識補給區、另一半則是咖啡館與酒吧Yatsugatake Wine House。一整列近百支的葡萄酒排排站好，房客只要拿房卡換酒卡，就可以試飲每一台機器裡不同年份、不同產地的紅白葡萄酒。刷卡後按下需要的份量，挑本書，坐臥在沙發上，再搭配不同風味的葡萄酒，「不斷的試酒」本身就是好玩的大人遊戲。

孩子入睡後的夜間時段，只要花一百日圓買個小玻璃瓶，把酒裝滿後點份起司、花生、橄欖等下酒點心，裝在木盒裡提回房間享用佳釀，所有的支出都透過酒卡掛在房費帳上。

飯店的一樓則是規劃成一條中古世紀風格的商店街「甜椒小路」，園區彷彿城堡的空間設計，旅客住在二、三樓的閣樓上，樓下街道上就有咖啡館、麵包店、戶外用品專賣等各式各樣的商店，讓

在Wine House你可以試飲不同年份、產地的葡萄酒與地元清酒。所有在這裡的消費都會掛帳在事先以房卡換取的酒卡上，待退房時結帳。（圖片提供／星野集團）

Books Cafe其中一半是書籍雜誌閱讀區、另一半則是咖啡館與Wine House，在這裡可以邊閱讀邊喝咖啡或品酒。（圖片提供／星野集團）

媽媽們可以悠閒自在的遛小孩逛街，不需要擔心安全問題。與同樣是星野集團的虹夕諾雅度假村不同，高檔度假村的核心區通常沒有多元的商業設施，公共澡堂、商店街等空間都放在飯店的外圍，RISONARE則是反其道而行，把遊憩的元素綜合在一起，成為讓大人可以安心享樂的設計。

怎麼做，讓旅客想長時間停留？

台灣也有非常多大型度假飯店，但始終處在供給大過需求的狀況，經營者的算盤是既然人數少，那就把房價訂高，利用一百零四個週末假日加上春假、暑假與寒假等連續假期多賺點錢；然而假日時風景區一房難求，又貴又難訂，長此以往國人會覺得CP值低於鄰近國家，加上廉價航空的推波助瀾，便促成選擇海外旅行而捨棄島內度假的現況。

現代社會越來越多的家庭少子化、高齡化，大家會想要三代出遊，但高房價讓一般家庭只能住一晚，如果飯店願意把房價回饋在拉長住宿天數的方案上，旅行時間會拉長成兩至三晚，當旅客能在一個地方停留時間越久，通常與地方的感情就會越濃厚，旅行的狀態就會越愉快，在國內的許多地方也就能找到不輸國外的旅行體驗。

而大型度假飯店是最有條件將劣勢轉為優勢的角色，山梨八岳酒香度假村其實不是星野蓋的飯

八之岳高原有許多葡萄酒廠，4～8月期間可以在晚餐前預約，跟著侍酒師與嚮導來一趟葡萄園散策之旅、品嘗佳釀。（圖片提供／星野集團）

把原本被閒置的森林重新打造為大人小孩都愛的遊樂園，親子可以共同參與「森林空中漫步」活動。

店，原先的設定和一般大型度假村沒什麼兩樣，最後陷入「大家都一樣」的經營困境，於是星野接手後，在相同的硬體條件下，先想清楚市場的需求再重新定位，善用八之岳高原盛產葡萄、酒廠多的優勢，運用當地風土資源，順利在一片紅海的親子旅遊市場中殺出一片天。

每一個地方都擁有豐富的自然風光或文化歷史，但在台灣往往是小型民宿業者更懂得靈活善用這些資源，因為經營者清楚自己的規模很小，只有跟地方連接創造出獨特性，才能吸引客人到訪停留，大型飯店卻反而容易忽略這些近在手邊的資源。台東近幾年發展熱氣球、衝浪、騎單車、馬拉松等活動，公部門企圖定位自己是一座運動城市，台東的大型飯店業者如果能適時的深度結合活動資源，鎖定親子市場來發展運動相關主題，帶孩子們一起去釣魚、一起去划獨木舟，甚至結合台灣原本就極有優勢的遊艇產業出海體驗，或許可能如星野一般揮出逆轉勝的全壘打。

[星野山梨八岳酒香度假村]

基本資料：
172間房，2019年（截至10月）客室平均住房率為85.9%，年營業額4722百萬日圓。

遊客數：
年間來客數達20萬人，其中海外遊客約5萬人。

山梨縣北杜市葡萄酒：
山梨縣與長野縣為日本葡萄酒兩大主要產地，全日本兩百多家葡萄酒廠有半數以上設在這兩個縣市，其中北杜市的日照時間長達2081小時，比日本平均年間日照時間1934小時長，非常適合葡萄的生長。

不只有情懷，也要靠數據

——我從星野佳路身上學到的創業學

被日本媒體封為新一代經營之神的星野佳路，是個非典型企業家，他每年總會花兩個月放下工作在山上閉關，自二〇二〇年起更把大部分開發決策的責任交棒，負責大型飯店開發案的主管年僅三十五歲，大膽起用年輕世代的魄力在日本企業中相當少見。回想星野佳路接手家族事業時約三十歲，或許「不要成為令人討厭的大人」，正是星野集團持盈保泰的秘密。

星野佳路從美國康乃爾大學研究所畢業，先在芝加哥工作，一九八九年回到日本擔任副社長，一九九一年接任社長。

一九九五年，星野溫泉株式會社改名「星野集團」，二〇〇五年旅館以「虹夕諾雅輕井澤」為名重新開業，現今旗下經營四十五處旅宿，住房率高達八成。這一切的傳奇，其實就始於星野佳路回到日本後觀察到的一個數據：來日本的國際旅客人數逐年成長，可是日本旅館總量卻不斷下降——如果遊客變多，為什麼旅館的數量會變少呢？分析後發現，消失歇業的都是傳統的日式旅館，一則員工英文不流利無法跟國際旅客溝通，二則傳統旅館堅持的榻榻米、一泊二食、日式早餐，空間與服務皆固守傳統，雖然也會有部分旅客想體驗嘗試，更多人卻不一定習慣。

當時許多大型國際連鎖飯店品牌進入日本，以日式風格作為包裝，再採用西式服務滿足國際觀光客的需求，也因此吃下了大部分國際旅客的市場，如同前文提過的，星野佳路在重建家業時，以「日本文化再發現」的策略重建品牌，獲致極大的成功。

他的觀察和解讀讓我開始以數據判讀市場，發現理想浪漫如果不建立在數據上，創業時的情懷通常不容易持久。我在二〇〇四年創業，當年看到的是老房子屢屢被拆除、傳統文化一直在消失，然而只會抗議並沒有辦法達到保存文化的目的，後來才悟出必須讓消費者對文化價值喜歡且認同，產生經濟收益方能保存傳統，從參與台南的「謝宅」到南投的「秋山居」改造，從「在地小旅行」到「覓境食旅」，經營的核心思維大多不脫於此。

打破日企的僵化制度，年輕世代當主管

就在我持續關注星野佳路經營策略的同時，在二〇〇九年收到星野海外市場戰略事業部經理泉

谷晴香小姐的來信，提出要來拜訪風尚旅行，當時我們主要的業務是客製化海外精緻旅行服務，常常跟國際頂級的Amam Resorts、GHM（General Hotel Management）、峇里島私人Villa等頂級旅宿、國際頂級飯店往來，服務的客群多半是企業高層、歌手藝人、外商公司、家族旅行等，也因此開始與星野集團有了互動，交流客戶入住的服務或市場的意見。

某次星野佳路來台業務拜訪，《Shopping Design》的總編輯黃威融安排由我與星野社長進行對談，這是我與星野集團的第一次親近接觸。

星野社長的作風其實非常的「不日本」，平常只穿運動服、騎腳踏車上班，即便正式接待客戶也只披上一件日式無領的外套。他沒有自己的辦公室，上班就找空位跟其他同事坐一起，每年至少安排一個月以上的假期去度假滑雪。旗下飯店強調設計感，但總公司的家具卻只是把飯店的汰舊品拿來使用；當新的旅館開幕對外營運，每一名員工就算再年輕也有當主管的機會，不因年紀或資歷受限，種種創新作為打破日本傳統企業的限制。

《Shopping Design》雜誌2011年2月號。

2011年星野佳路社長來訪，我和SD雜誌當時的總編黃威融企劃一個對談文化的專題，地點就在遼寧街的路邊攤，於是留下這樣一個有趣的經典畫面。（此篇對談刊登於2011年2月號）

採訪團隊包括攝影師陳敏佳、美術黃昭文等約十幾個人的陣容，也讓星野社長感受到我們極度重視並珍惜把握這次的採訪。

對談後沒多久，日本便發生了嚴重的三一一地震，除了震災還有核能外洩的威脅，不但外國人逃離東京，日本人心中也非常恐懼。我向長期往來的泉谷小姐致上問候，並建議他們：「或許你們可以持續做一件事，讓各地方的同事拍下照片、錄下影片、寫下文字在臉書上分享，記錄日常生活中的每一個真實樣貌。看見鳥在樹林間飛翔，風吹過樹葉落下，花盛開的美麗，你們依舊日日打掃環境，告訴大家日本雖然受傷不輕，但依舊認真的守護這片土地，等待曾經來過星野的朋友們再次造訪。」

沒想到星野社長真的採用了這個建議並持續性的操作，於是我也維持原本要臨時取消的行程，跑一趟日本去拜訪星野集團位於銀座的總公司與輕井澤度假村，當時關東已少見觀光客，但就這樣，我一個台灣人跑到東京、輕井澤為好朋友們加油打氣，也因此雙方交流更加密切。

某一年，我在東京街頭遇見泉谷小姐，熱情的擁抱打招呼後，我說剛到東京的辦公室遇見星野佳路社長聊了幾句，她說這太難得了，因為星野社長大力授權給下屬，本人不常出現在辦公室，有時一個月要見一次面都很困難呢！

文化為品牌核心，自然拉高產品價值

以文化作為核心的品牌不止有星野，像法國的 Louis Vuitton、Hermes，京都的一澤信三郎帆布、開化堂，我們現在看到全世界大多數能夠走過百年以上、成為經典的品牌，因價格高昂被認定為奢侈品，但其價值獲得肯定，並不是因為成本有多高，更重要的是來自於品牌文化的累積，企業因為對細節的講究、對文化的尊重、對傳承的重視，才是品牌形塑的關鍵。

星野善用文化、重視環保，連接全球消費者的需求，用現代年輕人嚮往的上班方式與創業模式，建構新的公司文化，一個質跟量同時兼具的旅館集團，是台灣市場所缺乏的，日本離我們很近，有很好的案例在眼前，若沒能從星野身上學習，是非常可惜的事。

旅行可以接觸不同的文化、環境，得到感官與知識上的收穫和刺激，可是人類的旅行對環境來說也是一種破壞，移動的交通工具帶來侵入式的改變，當越來越多人來到地方，土地價格上升、人潮帶來垃圾，唯有當旅行業者珍視土地，願意深耕、紮根，讓顧客消費前先讓他喜歡上這裡，方能兼顧利他、商業、共生，這是我長期以來從星野身上學到、也持續在做的事。

[星野佳路小檔案]

1960年出生於長野縣，慶應義塾大學經濟學部畢業後赴美，於美國康乃爾大學商學院研究所取得飯店經營管理碩士學位。進入日本航空開發公司（今JAL HOTELS），在芝加哥任職的兩年間，擔任新飯店的開發業務。

1989年返回日本，於星野溫泉株式會社擔任副社長，因與家族理念不合，六個月後選擇離開家業，到花旗銀行任職，負責處理度假村企業的債券回收業務。1991年再次回到星野溫泉株式會社（今星野集團株式會社），擔任代表取締役社長。

為什麼錢湯要設置在火車站裡？

——女川車站商店街災後脫胎換骨的啟示

在重大災難後為了撫平人心而設置的建築物不少，但對於倖存者來說，這些象徵性的地標卻極少能真正跟自己的生活產生有意義的連結。宮城縣海邊小鎮女川町在三一一震災中遭受重創，建築師坂茂規劃新的女川車站時，特別將昔日鎮民們日常交流的「錢湯」設置在車站裡，讓新建築連結著過去的生活記憶，生者放下傷痛後，也能不忘故人的繼續生活下去。

談起三一一東日本大地震，關注焦點大多集中在福島第一核電廠事故，以及後續處理的無力感，實際上除了福島，東北地方同樣位處海岸線的宮城縣也遭受巨大衝擊。女川町是宮城縣的海邊小鎮，鄰近的女川灣曾是許多大型船隻的停泊地，當時在女川灣的海嘯讓海平面瞬間上升了十四．八公尺，吞食了女川町七成的民宅，還包括曾經在此生活的八百二十七位居民。

坂茂規劃的女川車站，白色屋頂是以黑尾鷗張開雙翅展翅高飛的形象設計，也是新女川町的象徵。（圖片提供／王姿淳）

女川町的災後復興，邀請普立茲克建築獎得主、日本知名建築師坂茂前來設計新的女川車站。在此之前，坂茂也曾在女川町民棒球場，幫災民設計了用貨櫃搭建的臨時住宅。其實在台灣也可見到坂茂的作品，九二一大地震時，坂茂將同樣因震災而建的神戶紙教堂，整座移捐給受創最嚴重的埔里，成為如今南投縣桃米社區重要的地標與精神象徵。

錢湯是遊客體驗地方的入口

JR女川車站是女川町對外出入聯繫最重要的建築，坂茂以宮城縣當地的杉木做為建築的主要素材，並將車站機能縮減到最小，公共設施的效用發揮到最大。三層樓的建物，一樓有一半空間用作售票處及候車室，另一側則是通往二樓錢湯的售票口，錢湯入口處的穿堂，就設在伴手禮與地酒販售區。

之所以會把錢湯設置在車站裡，是因為在震災前，車站旁就有座錢湯，是居民們下班後泡湯、吃飯聊天放鬆後再回家的生活空間，為了連結起當地居民的共同記憶及延續生活習慣，坂茂決定將澡堂設置在車站二樓，不但讓當地人與災前的城市生活記憶連結，當外來遊客進入女川車站時，也能經由「泡湯」進入女川町人的生活。

錢湯與交通設施結合，算是比較少見的規劃，坂茂除了讓新錢湯有更開放的設計，休憩空間內還有設計師水戶岡銳志及畫家千住博與當地居民共同創作的「家族樹」。而車站後方，也有當地旅館業者在災後利用移動式組合屋所規劃的旅館設施，讓旅客泡完湯後可在公共空間看電視聊天、在躺椅上放鬆，或到車站三樓的戶外觀景台享受開闊海景。

女川車站的前方是一整條新建的商店街「Seapalpia 女川」，提供從車站通往海邊的漫遊步道，新的市集建築除了針對遊客，也企圖吸引爭取更多人移居此地，女川車站旁邊的 Onagawa Future Center 的 Camass，有 co-working space（共同工作空間）提供短期移居者使用。

商店街已經有來自外地的店家進駐，例如一位從東京前來協助的青年，決定留在女川開設以當地植物為主要原料的肥皂店，不但販售漂亮的伴手禮，顧客還可以體驗製作手工肥皂。

另一家來自京都，加盟店遍布東京、波士頓等地的拉麵店，號稱是「全世界最熱血的麵店」，店外總是排著長長人龍，店內必須立食（沒有坐位）也沒有空調，顧客只要進到店裡大聲說出夢想，就可得到平價又超大碗的拉麵，用餐後身心飽足的離開。當我們頂著大太陽排隊時看著店內的標語：「實現夢想就是要流汗」、「沒有躺著坐著這樣簡單的事」，完全能體會店家的熱血能量。

旅客可以在泡完湯之後，在公共空間看電視聊天或是躺在躺椅上放鬆，或者到三樓的戶外享受開闊海景。

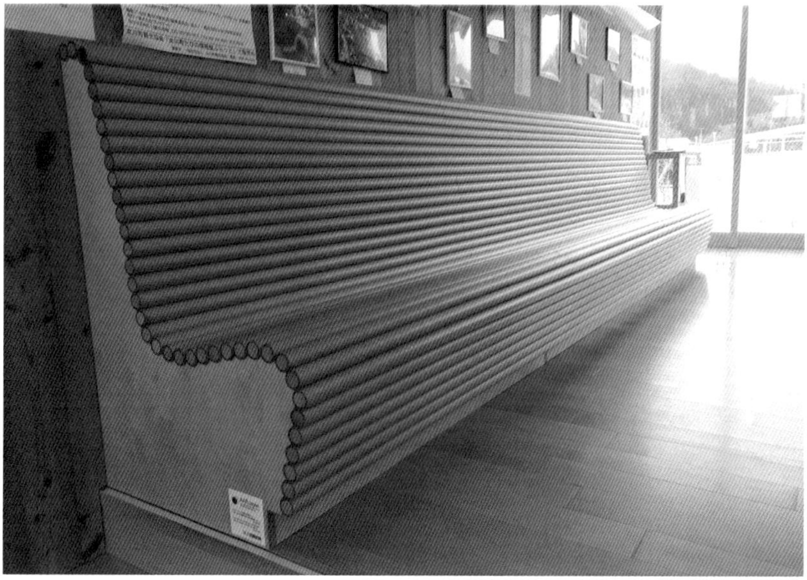

女川溫泉內的座椅、天花板都是採用坂茂所擅長的紙管做成，如木質的溫潤質感讓人坐在上面休息，也能感到溫暖的心意。

女川車站的前方就是一整條新建的商店街「Seapalpia女川」，提供了從車站通往海邊的漫遊步道。

三一一震災後前來協助的東京人決定留下開設的肥皂店，素材都採用當地植物，是很受歡迎的伴手禮。

商店街上有號稱是全世界最熱血的拉麵店，只要大聲說出你的夢想，就可以吃到平價又超大碗的拉麵。

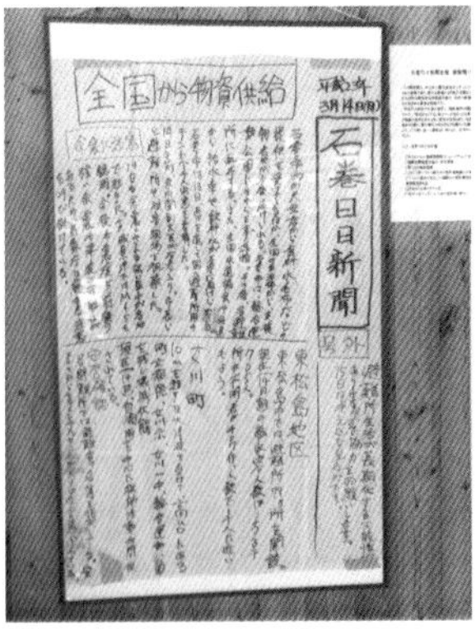

三一一地震後《石卷日日新聞》為每天更新最新資訊，以手寫新聞稿出刊報紙的真跡，也被保留陳列在女川溫泉內。

從車站到商店街，女川町的重建是來自於許多民間組織的串聯，包括外地前來的人或旅外居民的共同協力，商店街的社區活動中心，陳列著從災難發生到後續重建的紀錄與故事，女川溫泉的一隅，也保存著三一一地震後當時訊息無法傳遞時，《石卷日日新聞》發送到避難所的手寫報紙真跡，讓人由衷感到如今女川脫胎換骨的力量。

回想起台灣的八八風災或九二一大地震，巨大災難之後的重建之路都非常漫長，並不是政府出面或民眾捐錢，當地的困境就能被解決，以高雄甲仙為例，八八風災過了多年，長期蕭條帶給災區居民被忽略跟拋棄的無力感，當我帶著外地遊客數次進入甲仙，聽到地方居民最大的願望，就是能回到原有的生活，重建工程該如何與災後的新生活接軌，女川町給了我們絕佳的示範。

［女川町快問快答］

關於建築師坂茂：
普立茲克建築獎得主，他將建築精神置於實現人道關懷上。也令人聯想到台灣的建築師謝英俊老師，在九二一震災的重建中，他提出了協力造屋的概念，並延伸到之後的八二三風災及四川汶川大地震，讓災區能更快找回居住的基本人權。坂茂藉由一次又一次的建築案，讓世人重新正視「為需求而建築」的價值。

關於女川町：
女川町位於宮城縣東部牡鹿郡中，町內人口數6319人，總家戶數3110戶（2020年4月資料）。自JR仙台站搭乘仙石線在石卷站換乘石卷線即可抵達，總車程約90分鐘。

因震災而生，博物館員開創的感謝事業

——以舊和服傳遞情感，WATALIS和布小物

WATALIS是個位於宮城縣的和物小店，販售以舊和服布料所製的商品。其實以廢棄布料製作商品的概念並不算少見，我在拜訪前，以為只是又一家手工藝小店，沒想到當我實際與負責人引地惠聊過後，才發現這是一個堅毅女性走過災後重建的感人故事。

WATALIS的創辦人引地惠原本是公務人員，在宮城縣亘理町的資料館（博物館）擔任專門研究和服圖紋的學藝員。三一一地震時，她的父親不幸被海嘯帶走，面對親人的生離死別，心懷著無法向父親好好告別表達感謝的遺憾，讓她在父親去世後好一段時間處於低潮。

某次當她在町內從事民俗調查時，有位農家的老奶奶送給她一只用舊和服布料做成的「巾着袋」（束口袋）——這是亘理町當地的習俗，婦女在袋子內裝滿米，送給想感謝的人，帶有感謝和祝福之意，稱為「ふぐろ」（Fuguro）。這個意外收到的禮物，就成為她創立WATALIS開始製作Fuguro的契機。

讓珍貴的和服以不同形式傳承

Fuguro是日本用來裝珍貴之物的傳統手袋，用來贈送給想表達感謝的人。在往昔窮苦年代能收到這樣的禮物，收下的都是非常珍貴的心意；Furguro是用了舊和服裁剪的布料來做，更有與眾不同的意義，對於日本年長一輩的女性來說，和服是出嫁時娘家給的嫁妝，價格高昂且製作工序精細，更代表女兒與母親的連結，是每一位出嫁女性珍藏並世代傳承的寶物。但隨著時代變遷，年輕一代因為穿著及觀念的改變，和服的代表意義日漸淡薄，沒人穿沒人要、已無人可繼

引地惠原本是在博物館研究和服圖紋的公務人員，震災後成立WATALIS製作和布Fuguro，一方面結合所長，一方面也雇用地方的人力，讓貴重的舊和服重生利用。

承的和服，最終只好被賣出去，在各地的跳蚤市場常看到掛著出售的精美和服，卻乏人問津。

老奶奶告訴引地小姐，因為Fuguro裡放的都是貴重之物，特別講究內裡的車工，要一針一針慢慢縫，才能確保不讓如米粒般的小物掉落或卡在邊縫。她把老奶奶的話放在心裡，自此每做一個Fuguro，都會仔細的將內裡邊縫得很細很密，藉由細膩的製作來涵納每一件和服的情感，對每一個Fuguro如此執著，也是引地小姐在心中對父親說的「謝謝」。

為了製作Fuguro，原本就專精研究和服圖案的引地小姐，更是四處蒐集舊和服，並聘用亘理町當地的婦女一起製作這些手袋，每一件蒐集來的和服，不同的圖案有著不同的意義，有如與和服原主人共同經歷一段歲月故事，也讓WATALIS的每一個Fuguro都是獨一無二的存在。

雖然WATALIS受到越來越多的注目，甚至歷年來也得到包括「女性創業震災復興賞」、「COLORME大賞時尚部門（皮包・鞋子・小物組）賞」等許多獎項，但現實上，引地小姐仍必須面對不少經營上的困難，其中最大的問題就是產量，由於每一個Fuguro都是純手工製作，且她對於Fuguro的品質非常要求，親力親為把關細節，因此無法把工作外包到亘理町以外的地方，品牌行銷也在人力不足的情況下，成效受限。

與引地小姐的談話過程是一段動人的時光，我當時對她說，只要WATALIS願意來台灣發展，我願意提供協助及策劃幫助她在台灣市場推廣，因為我從她身上看到的，不只是從漫長的創傷中站起來的

即使圖案相同，每件和服經歷過的歲月、穿著者的故事，也都各自不同，這讓WATALIS的每一個Fuguro都是獨一無二的存在。（圖片提供／周鼎祐）

除了利用和服布做成束口袋，包裝成磁鐵也另有一份雅緻之美。（圖片提供／周鼎祐）

勇氣，而且還成為幫助他人的一股力量，成就了一個幸福的品牌。讓更多人一起來做這件事，回收更多和服，製作更多充滿感謝的Fuguro，影響更多地方，這應該是WATALIS最大的願景，經營者也才得以去思考更多品牌經營的方向。

我也對引地小姐說，想邀請她來台灣的原因不光是為了推廣WATALIS，而是想把她做這件事的心意也一併介紹給台灣人。台灣發生過九二一地震、發生過八八風災，我們也面臨過同樣的困難，很多人想要努力在傷痛中站起來，如果WATALIS的經驗能帶給人們感動跟勇氣，她所做的事就更重要、更有意義。

我建議她千萬別只把WATALIS侷限在宮城縣一個小地方的品牌，這是老天爺賦予她的責任，「當妳走出去了，把感謝的心意不斷傳遞。WATALIS就不再只是妳的品牌，而是所有從愛中重新站起來的人，能共同擁有的品牌。」我真心的對她說。

然後我們就一起哭了。

[WATALIS小檔案]

2012年於宮城縣亘理町設立事務所，同年內閣府實施「復興支援型地域社會雇用創造事業」，開始二手和服和雜貨的製造販售。
2015年5月15日正式設立WATALIS株式會社。2017年5月於町內開設WATALIS shop&gallery，同時日本紀念日協會也正式認定每年的5月15日為WATALIS日，希望讓更多的人知道，透過再生文化來表達感謝的這份心意。WATALIS shop&gallery位於JR常磐線亘理站附近，徒步約10分鐘。

WATALIS獲獎事蹟：

- 2014年REVIVE JAPAN CUP大賞受賞（復興廳主辦）
- 2014年eco Japan cup入賞（eco Japana官民聯合協働推進協議會主辦）
- 2014年DBJ女性創業震災復興賞受賞（日本政策投資銀行株式會社主辦）
- 2015年JVA東日本大震災復興賞受賞（中小機構主辦）
- 2015年COLORME大賞時尚部門（皮包・鞋子・小物組）受賞
- 2016年8月宮城縣知事來台參加「台灣・日本東北交流懇談會」拜訪蔡英文總統時，Fuguro也被選為紀念品之一
- 2018年經濟產業省中小企業廳選定WATALIS為はばたく中小企業小規模事業者300社之一

想想台灣

預算少，如何創造有形或無形利潤？

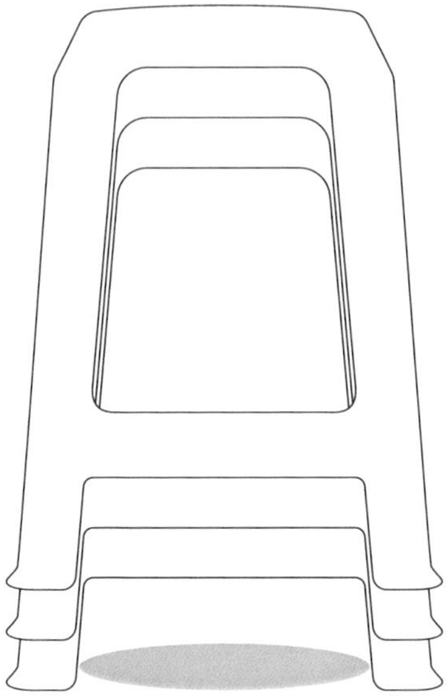

每張九十元的紅椅頭，風靡大阪、行銷台南文化

——捨棄明星代言，庶民文化的小預算大效果

五年前，我們接下一個台南市政府委託的任務：前往大阪策展，推廣府城觀光。海外辦展是很大的挑戰，要把大批設備運到海外是一筆花費，日本當地的相關費用又高得嚇人，要怎麼樣能夠達到宣傳台南地方特色的效果，又能控制在有限的資源和預算內？

二〇一五年，台南開啟直飛大阪的航線，在慶祝開航的同時，台南市政府觀光旅遊局開始思考，既然有了直航班機，接著該怎麼跟日本旅客溝通台南的樣貌？如何吸引他們跳過台北、台中、花東，

每年展覽結束時，我們在紅椅頭貼上年度視覺紀念貼紙，把它當做少量而珍貴的禮物送給在場的日本朋友，大家索取的反應非常熱烈。

每個物件都可用網路連結Google Map裡的台南地圖，歡迎旅客造訪時能更輕鬆找路。

把來台旅行的選項直覺就填上台南？

我們很幸運的接下這個由市府觀旅局委託到大阪舉辦觀光推介會的案子，那時我們針對「希望日本人怎麼看台南？」、「要怎麼做才能吸引現在自由行的年輕旅客？」做了很多討論與腦力激盪，希望跳脫過去制式的行銷宣傳，不再只是辦辦記者會或發送新聞稿，若能透過演講、展覽，加上一些周邊活動的串聯，那麼就不會只吸引本來就對台灣有著濃厚歷史情懷的老一輩人，對於想要了解異地文化的年輕人，也能發揮磁吸效應。

便宜紅椅頭，到海外變創意展覽架

「台南紅椅頭觀光俱樂部」的品牌意象在討論中出線，因為台南街頭巷弄的小攤販都有最常見耐用、且連結著常民生活的紅色塑膠椅，這也象徵了台灣人奮鬥打拚的島嶼移民精神，也代表了台南小吃的美食印象。當然，還有一個最現實的因素：在日本辦展，無論是人力施工或展架租借都十分昂貴，但是我們執行的預算非常有限，而紅色塑膠椅視覺效果醒目，又是屬於輕巧平價的常民物品——就這樣，一百張「紅椅頭」跟我們一起搭上飛機抵達大阪。

展覽會場設於公會堂，在歷史建築裡一張張看似普通的紅椅頭變成展架，上面放置有裝碗粿的瓷碗和竹叉、武廟的金紙與祭祀物、月下老人的姻緣線和胭脂粉……只要能夠代表台南人生活習慣，或店家、風景、廟宇等物件，都有機會坐上紅椅頭出國爭光。

現場的日本民眾可以近距離觀看，再經由這些物件去認識台南的種種風土人情。每個展物都設計成可以用網路直接連結 Google Map 裡的台南地圖，讓旅客可以對真實的地理環境更為熟悉。而這些企劃在展覽結束後並不會就此消失，旅行者依舊可以利用 Google Map 找到日文介紹，既輕鬆又深度的認識台南。

最有效果的美景代言：有故事的在地店家

「台灣最美麗的風景是人」，這句話在台灣推廣旅遊觀光的時候常被提起，那麼代表美麗風景的人們，該如何呈現？我們認為應該是來自於熱心、真誠、善良的台灣人格特質吧！過去推廣觀光常設定請又美又帥的偶像明星擔任觀光大使，或許可以不再採用如此制式化的做法。

第四年在大阪市府的大廳舉辦台南觀光推介會，展覽現場一張張紅椅頭變成展架，上面有裝碗粿的瓷碗和竹叉、武廟的金紙與祭祀物、月下老人的姻緣線和胭脂粉。

因為紅椅頭觀光俱樂部的成功，台南市府觀旅局在二〇一七年首度受邀參加關西三大節慶之一的「大阪・光之饗宴」，並連續三年受邀參展，讓近千盞台南燈籠照亮大阪的中之島。

哪些人可以真正代表「台南」的個性和特質呢？最終我們拍板定案邀請了「莉莉水果店」的李文雄老闆、「土溝農村美術館」的黃鼎堯和「奉茶十八卯」的葉東泰大哥，請他們三位飛往大阪，說台南的故事，讓大阪的民眾能因為台南的真實生活而感動，讓他們看到，在這個商業交易飛速的時代裡，這個老城市還有這麼多人願意堅持把事情做好的態度，我覺得這才是台南最美麗的風景。

葉大哥談他與台南「茶」的故事，以及他為了老樹、古蹟、生態舉辦的一場又一場茶席。土溝農村美術館的年輕人黃鼎堯來談土溝社區營造的十年酸甜苦辣，最後指著地圖說：「不管走到世界任何地方，世界的中心都是家鄉。」

莉莉水果店七十幾歲的李老闆賣了幾十年

水果，為了讓大家更加認識水果跟台南的好，自己出資做了薄薄的《莉莉水果月刊》，放在店裡讓大家閱讀。刊物中有一半是教大家認識當令當地的水果，以及水果是來自台南的哪裡、該怎麼選、怎麼吃；另一半則是介紹台南的古蹟、消失的歷史等等。所有的內容由李老闆自己撰寫、拍照，請人幫忙編輯然後印刷。最後，李老闆演說結束的最後一張簡報，是已經累積發行共七十二期的封面，每期印製八千本，這份免費刊物前後總共送出了五十幾萬冊！聽到此處，台下瞬間響起熱烈的掌聲，甚至日後回到台灣，李老闆說常常遇到當天聽故事的日本朋友們來台南旅行，因為聽了故事想坐下吃碗冰，跟他聊著那天聽演講的感動！

總結首次的海外宣傳活動，除了記者會、展覽，還針對擁有阪神虎和甲子園、對棒球狂熱的大阪民眾，在大阪公會堂辦了一場可容納一千名觀眾的《KANO》電影欣賞會。一張紅色塑膠椅九十元，一百張只花費九千元，加上運費，就完成最主要的展場布置；電影放映的成本也很划算，最後我們用不到兩百萬的預算完成這次不可能的任務，關鍵就在於擺脫傳統展覽形式的創意做法。

文文仔火，放慢觀展人的節奏

在二〇一九年台灣文博會的「地方編輯」台南展區，我們再次帶入了部分紅椅頭展的概念，不同的是在大阪談的是觀光，在文博會談的則是更深入的文化認同議題。展覽主題訂為「文文仔火」——試想，無論在東方或西方，人類文明的開啟，不正是以來自於懂得用火為關鍵？掌握了火，人類學會烹飪熟食、能驅趕野獸、可以擁有光明照亮暗處度過黑夜，而後文明又逐步累積成文化。當時間的輪軸走到現在，我們若有機會再回頭省思，所謂的文化又是什麼？我們對待文化的態度，是不是如同我們對待生活裡很多事情一樣，只為了求快速得到結果？

當你走進文博會的台南展區，低頭通過「文文仔火」展區的布簾入口，遠方的視覺焦點是藝術家楊士毅的巨幅剪紙《鳳凰的祝福》，巨大的紅色鳳凰樹枝枒延伸到兩側，顯得巨大且亮眼。

該屆文博會的策展概念是「提醒」：提醒大家不要只注重眼前美麗的工藝作品，忽略後面許多時間漫長的艱辛；提醒大家享受美味佳餚大聲點評時，或許能理解更多食材起源和料理的用心；提醒大家看待文化可以退後看得更為周全，對於投入耕耘的前輩先進該有尊重並且虛心學習。

儘管開展前我還是不免懷疑，我們設計比較緩慢的觀展節奏，是否能獲得早就習慣效率與快速生活步調的民眾共鳴？然而我們看見參觀者慢慢的凝視關注，一個一個樂於坐在鐵椅上，戴起耳機聽我們慢慢述說食物的故事。當你知道了眼前那份（吃不到的）食物背後的歷程，更能體會料理人所耗費的用心，下次再到台南、吃到同樣的食物，就不再只有浮面的理解和口味喜惡而已；當你懂得故事，全台灣每一處的食物對你來說意義也就完全不同，你會更想尋找各種料理或食材存在的原因、以及為什麼它會這樣被製作出來。

台南這個城市很像是一位老人家，與現代社會有很不一樣的做事方式，總還保有一種眉角跟「餽

紅色紗幕做成的城門意象，來訪者都得低頭進入，意味著在文化面前，每個人都要謙卑。

在文博會展出時，透過六本有聲書，讓聽者可以一面看桌上的展物一面聽各種料理場域的聲音，透過食物體驗台南濃郁的人情味。

口」。比如賣牛肉湯的老闆，每天限定一百碗的量，就算生意再好也不會加賣；既然決定營業到早上十點，即使有客人來，不接就是不接，因為很堅持有自己的生活要過。

此外，「文文仔火」的意涵，也代表在地人的熱情，就像莉莉水果店的李老闆做免費刊物；「奉茶」的葉大哥不間斷的舉辦各式茶會，寫了一首首餘韻十足的台語詩；「黑哥」謝銘祐自掏腰包辦了上千場免費演唱會給養老院及育幼院同樂，和一群台南當地的文化工作者和居民舉辦「南吼音樂季」，甚至他還去考了台語文的教師執照，就為了可以編台語教材、到社大教台語。

以「文文仔火」為題，意在提醒大家思考「文化是什麼」的時候，能夠體認到文化是需要時間去耕耘的過程。台南的文化底蘊深厚，在於這個地方有許多人重視的是價值超過生產效率。而台灣這座島嶼上，也有很多人除了專注工作，其他時間他們也努力藉由各種方式，希望為這個地方或這個社會帶來更多的改變。這是台灣島嶼的文文仔火。

以藝術家楊士毅的巨幅剪紙「鳳凰的祝福」作為舞台的視覺焦點，巨大的紅色鳳凰樹枝枒延伸到兩側顯得巨大且亮眼。

[來自鳳凰的祝福]

台南又稱鳳凰城，有個古老傳說：台南用風水佈局罩住了鳳凰，不讓牠飛走影響繁榮，但是鳳凰卻從來沒有想要離開台南。作品中的大樹上有隻鳳凰抱著人類小孩，然後人類又抱著幼小鳳凰共存著。

這幅作品表達了人與鳳凰可以和平共處，述說著信仰的源頭，在很久很久以前我們感謝的是孕育生命、圍繞著我們的自然萬物。而當我們擁有更多時，卻日益狹隘，每次提到信仰往往只顧著祈求更多財富、被保祐被祝福，卻忘了我們應該如何對待山海、對待土地、對待生命、對待自然。

小預算辦跨年，拒絕罐頭內容

「府城搬戲」整合地方資源，延續活動長尾效應

每年的跨年活動是各地方政府的大事，投注的預算也越來越高，例如進入二〇二一年，台北市跨年預算將是破紀錄的六千萬！但我認為跨年活動可以不只是一個晚上的激情，試想，一個晚上的大型演唱會，除了讓歌手北中南四處趕場，讓攤商做一個晚上的生意，還有什麼既可精簡預算，又能讓活動長期影響地方的創意？

台灣各地的跨年活動已形成一種公式：搭建大型舞台，邀請知名歌手藝人表演，在倒數煙火中落幕結束。但活動結束後，民眾也不太記得到底哪一年、哪個歌手、在哪個場、唱了什麼歌？如此千篇一律的罐頭內容，讓跨年晚會的正面效應越來越低。

主視覺由台南「一件設計工作室」曾國展統籌，委請曾登《紐約時報》的插畫家川貝母合作，擷取搬戲文化以及舞台周邊視覺元素。

在二〇一九跨到二〇二〇的這一年，台南市政府開始有了反思的做法，想在古蹟包圍的市中心歷史街區，辦一場不以知名歌手為賣點的跨年，想法很創新，但執行上卻得打破地方既得利益的結構，並說服前來關切的民意代表。但最終這場由公部門自發覺醒的行動，串聯起各局處主動的參與相挺，只花費了台北市跨年十分之一的預算，堪稱是一場台南市公務員跨部門的攜手逆襲！

與地方文化連結一直是我長期耕耘的事，我們的團隊「蚯蚓文化」參與其中，實話說在經費有限的情況下接辦這場活動，為的主要是對於地方的使命感，但不是只有預算的問題，我們必須重新思考辦跨年活動的意義：為何要辦跨年？人們為何要在一年的最後一天聚在某個地方一起倒數？如何透過跨年活動來談地方的事、連結地方的人？

我們認為跨年的核心是許願，如果能搭一座「夢想舞台」協助市民實現願望，讓城市裡面有夢想的團體能夠被看見，是不是更有意義的做法？我們想到的邀請對象是台南仙草國小關嶺分校太鼓隊，這所分校只有十七個學生，面臨到人數不足就會被廢校或合併的命運，但如果能有一項特色教學，學校就可以被保留下來，於是老師就教小朋友打太鼓，十七位學生全都是太鼓隊的成員，每回表演或比賽都是全校出動。老師跟學生們說，你們要透過每一次的表演讓大家看見，學校才不會消失，於是每一個孩子心中都有「出去表演是代表學校」的信念，只要一拿起鼓棒，就浮現出專注認真的表情，看了很令人動容。

類似的夢想散落在各處等待機會，我們開始找很多資料，尋找台南在國內外得過獎的各種小團隊，我們希望表演活動更多元，有各種不同的形式組成，讓舞台變得有趣。最後，表演名單裡有了秀琴歌劇團、永康國小扯鈴隊，還有金曲歌王謝銘祐帶領的麵包車樂團，和曾在歌唱節目中許願想在家鄉台南登場跨年演唱的張羽靚小妹妹合體演出，共

生活市集座落於忠義路，並邀請台南在地風格商家組成，面向涵蓋吃喝玩樂。（圖片提供／ PJ Wang）

十組表演團體，全部都是台南在地的人或團體。

然而城市的夢想只有侷限在舞台上嗎？我們覺得跨年預算不該只砸在一個大活動上，是否也能有一些預算用來幫更多人圓夢？於是有一半經費用於協助二十個團體實踐他們的夢想，並把過程記錄下來。在海選中挑出的每個計畫都非常動人，例如其中一個提案是號召社區裡的大人小孩組成「敲鑼擂鼓大隊」，在跨年夜前往街頭巷尾各宮廟，以敲鐘代替鞭炮聲，用一百零八聲鐘響共同迎接新的一年到來。台南是全台灣廟宇最多的城市，廟會活動與人們的日常生活密不可分，提案人蔡宗昇說，辦活動的意義在於透過社區參與，重新找回廟會凝聚情感的精神，台南的廟宇共有兩千多間，所有廟宇在同一時間敲鐘的氣勢也極為驚人。

除了跨年當天的活動，我們也想辦一些更深度的活動，能夠跟「創造未來更好的一年」連結，我常認為一座城市的發展，除了民間的努力，公部門也很重要，經常公部門做對一件事，比民間努力付出的力量還大上十倍。倘若每年的最後一個月，公部門各局處和民間組織團體能針對不同議題做討論，哪裡做得好，應該給予公家機關內的同仁掌聲鼓勵；做不好的地方，提出建議批評成為來年的修正目標，周而復始進行良性溝通，就能成為城市前進的力量，這個想法於是促成跨年活動的第三個部分：「未來沙龍」成形。

我們利用週末假日總共辦了文化美學、城市發展、高齡社會、移居生活、觀光發展、青農返鄉等九場沙龍，安排公部門同仁必須參與其中，包括熟稔業務的副市長、局長、主任、科長到專員都與會；與談人是來自民間、擁有不同視角的專業人士，例如談都市發展規劃，有推動台南老屋活化再生不遺餘力的古都保存文教再生基金會張玉璜老師，也有對當代建築充滿熱情與觀點的建築文化傳播者謝宗哲老師，他們與都發局的同仁、局長之間的對話就充滿建設性。

這場主題訂為「台南跨年 府城搬戲」的活動，要做的事這麼多，但經費只有五百萬元，只能侷限在晚會的內容，結果其他局處得知消息，也紛紛主動響應——觀光旅遊局支援下午場親子藝術共創體驗、文化局投入黃昏散步街頭藝人表演、經濟發展局加碼跨年後派對。為了讓整體概念更完整呈現，長年定居在台南的我，也抱持著回饋鄉里的心情，自己找資源贊助，期待能圓滿完成任務。

我們選擇在二〇一九年初落成啟用的台南美術館二館作為主要活動場地，從下午、黃昏到夜晚，透過不同時間段的安排，讓美術館周邊持續有活動。下午四點，小朋友下課後就開始來玩，老師們帶著孩子進行手繪體驗、美術課程，阿公阿嬤被塗滿了臉的似顏繪；傍晚時分，市民也在下班後相約來逛市集，這些吃的、喝的、買的產品，都來自在地店家和小農努力耕耘的心血。晚上七點表演節目正式展開，小朋友準備登台，爸爸媽媽阿公阿嬤相約左鄰右舍來看自己的孫子精采演出，全家老小都來了——這是過往以年輕人為主的跨年活動很少看到的畫面。

在接洽表演團體的初期，很多表演者以為我們是詐騙集團，認為怎麼可能會有人邀請他們到跨年

最終統計數字出現超乎預估的人潮，流動人數達到2萬5千人，市集和友愛市場店家當天也生意興旺。（圖片提供／陳方偉）

舞台表演？我們花了很多時間持續拜訪，和這些表演團體交流討論，各方一起腦力激盪節目內容的過程頗有共同創作的感覺。當天並沒有安排主持人，而是請知名的秀琴歌劇團來串接橋段。我們希望每一段落的劇碼都能談及關於台南的故事，例如第一段講的是府城的傳統過年，故事中錢鼠下凡來到府城玩，除了喜氣，也跟這古老城市的歷史神話有關；第二段則是用〈安平追想曲〉講一個台南女子戀上外國人的故事，讓觀眾理解台南是很早就跟國際接軌的城市，以安平港的意象、歌詞的優雅、歌仔戲的表演帶出台南是一個文化古都。

那天的跨年活動，最後出現超乎我們預估的人潮，整個夜晚的流動人數達到二萬五千人，無論是市集或友愛市場店家準備的食物全部售完，雖然不是連續假期，各飯店民宿也幾近滿房，活動結束後的一整個星期，我們還能在不同的場合聽到許多市民討論著跨年夜的驚喜與感動。

跨年活動可以不只是一個晚上的激情，投下的每一分錢如果能延伸後續效應，才能讓政府辦的每一個活動更有意義。這是一次公部門自發性的參與和轉變，由下而上，結合政府和民間力量，協力創造了一次非常成功的地方活動。

[台南跨年活動相關數據]

預算：600萬（最後總預算）

內容：9場未來沙龍（12/15~12/29每個週末）、20個夢想實踐計畫（2019/11 ～ 2020/1）、6大主題活動、4場親子藝術共創體驗活動、12組街頭藝人、10組表演團體、40攤活動市集、1場友愛市場跨年後派對。

人潮：在跨年夜從下午到深夜，於台南市立美術館2館周邊活動共計25000總參加人次。

晚上主舞台活動在南美2館忠義路入口廣場，由台南老中青三代及熱愛台南在地文化的表演團體輪番上陣（圖片提供／ PJ Wang）。

節目的段落都談及關於台南的故事，例如用〈安平追想曲〉講述台南女子戀上外國人的故事，也讓觀眾理解台南是很早就跟國際接軌的城市。（圖片提供／ P J Wang）

鄉下創業，唯慢不破
——後山小店力量大，千萬產值的臺東慢食節

以池上作為根據地的津和堂，從二〇一二年開始協助台東縣府推出「產地餐桌計畫」，以「一個人的產地餐桌」概念在縱谷地區，挖掘了三十二家慢食店家，一次又一次的餐桌計畫慢慢延伸成以美食為媒介共創品牌、結合風土人文與民眾日常的臺東慢食節。

截至二〇一九年，「臺東慢食節」已經舉辦了八個場次，累計數萬名旅客或民眾參與，難得的是堅持不用一次性餐具的活動，吸引了超過一百個店家參與、在台東已創造超過千萬元的營業額。津和堂的郭麗津執行長也因為在台東的持續耕耘，獲得La Vie「二〇一九台灣創意力一〇〇」年度最具影響力人物，東部後山的美食活動也因此被更多人看見。

「後山」一詞是過去的觀念，在以食物為主角的生活概念裡，台東如今反而走在台灣的最前面。故事的發生，源自津和堂的創辦人郭麗津，她畢業於台灣大學建築與城鄉研究所，在台北的都市規劃顧問公司任職，二〇一〇年接下「東臺灣養生休閒產業暨人才東移計劃」，在執行專案的過程中，發覺縱谷有著極佳的自然條件，唸城鄉所的背景讓她不斷思考，在都市化的邏輯下，農業走向規模經濟的發展，只追求最大量產與短期開發的收益，但是當農地消失，在水泥叢林中即便付出再多的金錢也買不到純淨的飲食，或許鄉間緩慢的生活特性，反倒能成為當地居民的新商業模式？

以此為觸發點，麗津與地方建立起越來越深厚的情感，最終更決定辭職離開台北，移居池上，成立津和堂，提供城鄉規劃、產業輔導

「臺東慢食節」結合花果醃漬、肉類、咖啡、米糧等主題，並與在地店家一起推出台東限定的「地食」料理，已成為台東人最期待的地食嘉年華。（圖片提供／津和堂）

活動從白天到黑夜，人潮依然熱鬧。到二〇一九年止，三年來臺東慢食節已累積24,000人次參與，創造近2000萬元營業額。（圖片提供／津和堂）

的諮詢，在花東縱谷生活，也服務這裡的朋友們。

不是每個市集都能成功！

從二〇一五年台東市區鐵花新聚落舉辦的「時令餐桌節」開始，到二〇一七年擴大規模與形式，從縱谷出發，延伸至南迴與東海岸，郭麗津與她的團隊承接政府計畫，協助企劃並執行臺東慢食節，跟著風土時令而生的活動，集結了符合慢食品牌精神的店家齊聚一堂，累積數萬名旅客與民眾參與，輔導超過上百個店家、創造千萬元營收，但重點不在於數字所代表的產值，而是慢食節讓地方找到屬於自己的信心，也「慢活」出自己的特色。

臺東慢食節的模式在其他地方是可以複製學習的，但並不是學著辦市集，而是找出不可被取代的文化背景與地理環境，就像過去大家只記得花東縱谷有池上便當，但這裡的居民都有獨門厲害的拿手菜，就算不是餐飲業者，只要願意親切的接待旅客，分享親手栽種的食材，就能解決旅行者可選擇餐廳不夠多元的問題。

慢食計畫能夠成功的原因，首先是關於食物的定位，人們願意為了一頓美食饗宴，不辭千辛萬苦抵達島上任何一個角落。第二，真正享受生活、熟悉地方的烹飪高手，多數隱藏在民間，比如某位社區媽媽有傳承數代的拿手菜，或者一家瓦斯行老闆自己燜煮的燒酒雞。第三是情感，熱情分享的手藝，屬於家裡的美好味道，或是把在地食材推薦出去，這都是無法用金錢比擬的情感。

我曾因為有許多專案的經驗而有機會參與臺東慢食節，不但有機會深入認識在地朋友，也嘗試著把人與土地的故事串成小旅行，讓更多旅客在縱谷停留較長的時間，創造地方的價值，但也從中看到許多在地方辦活動不為人知的困難：往往問題不出在創意，而是地方組織與資源分配。

地方資源的分配，借力使力

如果你在台灣有過策展經驗，大概會發現，地方上有非常多不同的組織，協會、聯盟、促進會之類，每個組織都有參與其中的成員，鄉下地方小，大家都熟識，但往往會因為隸屬組織不同而產生排他性，有時可能只是因為小事卡關就無法合作；從另一方面來看，地方資源有限、市場規模小，很容易產生競爭關係，凝聚力也難達成。

郭麗津和團隊曾舉辦一個遊程規劃的競賽，嘗試打破組織的限制，讓店家跨組織合作，超越類別組成小團體，三、五人即可成一組，把民宿、餐廳、導覽、體驗等業者串在一起，做為旅行體驗的供應商。我在活動中擔任顧問，協助整合各方，過程很好玩有趣，但麗津必須承受很多壓力才得以進行，由小見大，可見她這麼多年在台東深耕，要兜齊各方組織著實不易。

除了品嚐在地店家的美食，現場也設有部落的圍爐炭火，讓民眾們也可以自己動手體驗烤山豬肉。(圖片提供／津和堂)

每次都會根據季節變化推出不同主題，從花果、米糧、海鮮、酒釀、採集等等，帶領大家品嚐當季美食與認識食材的滋味。（圖片提供／津和堂）

現今臺東慢食節與慢食系列計畫，已經清楚展現了自身的價值，不必再去跟隨台北經驗，慢食節端出三十道菜，和台北店家同樣出三十道菜相比，台東的食材品質、料理美味不僅絕不會輸，反而連結產地食材和文化的成本會遠比城市裡低出很多，豈不滿手都是好牌！

去年因為台灣設計展深入屏東，我們運用了慢食節的策略，將屏東獨特的「飯湯文化」作為介紹飲食的主題，介紹飯湯的文化、飯湯的種類、飯湯的店家，讓參觀的民眾知道飯湯起源是從屏東萬丹開始。在網路發酵後，民眾開始討論起家鄉的飯湯，甚至有人打電話去縣長辦公室問哪一家最好吃，縣長也順應時勢透過臉書引發更多飯湯的討論，做了一波很成功的宣傳。

很多都市人覺得台東好遙遠，但正因為從城市的角度來看是「後山」，那麼當地人就乾脆用後山交通

堅持不使用一次性餐具，故也貼心準備水槽供遊客清洗。（圖片提供／津和堂）

不易抵達的現實，採取「慢」這個特質來反映自己的文化和食物，借力使力，創造出與城市生活的差異，而這正是鄉下創業的必備心法。

[臺東慢食節快問快答]

什麼是慢食節？

依據季節不同主題各異，例如2019年12月冬季場，以「團圓餐桌」為主題，透過「台東人團圓菜吃什麼」的表現形式，體認台東人豐富且多元族群的飲食傳統。

什麼時候舉辦？

一年約舉辦2～3次，每次為期2天，每天從下午4點到晚上9點，自2017年7月開辦以來，截至2019年已舉辦過8場。

在哪裡舉辦？

台東市鐵花新聚落。

多少人次參與？

至2019年累積總共吸引約24,000人次共襄盛舉。

年輕人把店開起來！老市場變打卡熱點

——老派又青春，新竹東門市場的翻轉奇蹟

新竹東門市場曾沒落到一樓只剩下寥寥無幾的數十年老攤，然而近三、四年來有很大轉變：開門工作室、曼谷市場、飽福、彌聲等年輕創業者陸續進駐，為破落老市場注入鮮活熱鬧的創意美食風貌。我們在企劃小旅行「東門市場餐桌計畫」後，無心插柳邀請「三人紀實頻道」團隊拍攝影片，沒有下廣告預算竟也在臉書創造超過十六萬人次的瀏覽次數！

來自各方的網路宣傳效應加上政府的推波助瀾，東門市場已成為新竹老城區最潮的美食景點，也吸引越來越多青年創業者走進來。

二〇一六到二〇一七年時，我們接下了新竹市舊城區與香山的小旅行推展委託案。新竹是北台灣歷史最悠久的老城市，不僅擁有傳統文化底蘊和特色風味小吃，同時因為鄰近新竹科學園區，在可支配所得、新生兒出生率、和平均教育水準這三個數據上都位居全國最高，而在這座既古老又創新的城裡，居民平均年齡不到三十九歲，是個坐擁豐富資源且極具潛力的幸福城市。我們的小旅行計畫，包括以貫穿新竹舊城區為旅行故事核心的「小塹有約」，以及帶著遊客到新竹東門市場吃一頓結合烏魚子、貢丸、米粉等特色料理的「東門市場餐桌計畫」。

我們要深度認識新竹，除了請教當地文史老師，另外一大重點就是和在地的年輕團隊交流，例如創辦《貢丸湯》雜誌的「見域工作室」，以及進駐東門市場的「開門工作室」。這些在新竹深耕資源整合與社區營造的團隊，帶著我們認識在地店家，協助我們更快掌握哪些關鍵人物可以連結城市記憶和串聯人脈。這些以年輕人為主的團隊，正是間接或直接創造新竹老市場翻轉的重要關鍵之一，他們不是只思考如何行銷觀光，而是貼近地方且願意費時的挖掘在地故事、介紹新竹人文環境。

百年前高級市場，百年後被遺忘之地

新竹東門市場的歷史可追溯至一九〇一年左右，當年是日本人購買高級食材的地方，曾經是北台灣最大的市場，在鼎盛時期連大稻埕都不一定比得過。一九七七年市場改建成地下一層、地上三層，一共坐擁千坪，不少媒體都報導過市場內設有新竹市第一座電動手扶梯，號稱「新竹西門町」。但隨著環境老舊、消費習慣改變，老市場漸漸沒落，到前幾年只剩下一樓還有早市的菜攤和南北貨攤，二、三樓的店面一部分轉為私人住宅，一大部分空間乏人問津，甚至有些陰暗處更有治安死角的疑慮。我們在二〇一六年去勘查時，一走上樓對眼前景象委實有點訝異——一個樓層比一個樓層更荒廢，空間陰暗寂寥，依稀飄著舊市場的混雜潮濕氣味。

不過即使多數鐵捲門已斑駁破舊，可是市場裡竟然還留有早期很「歐夏蕾」（時尚）的大招牌，當時的繁華可見一斑，據說以前不少居民、鄰近的百貨櫃姐們會來這裡吃火鍋，點盆砂鍋魚頭加熱炒。後來隨著消費潮流轉變，越來越多的大型百貨商場開幕，東門市場逐漸變成一個連新竹當地人都不想走上去、頂多到一樓買買菜，彷彿被遺忘的地方。

我們仔細盤點市場空間，並訪談僅存店家之後，發現市場某種程度依然保留了全台灣最早的集合式市場的樣貌，就算是台北的光華商場或其他地方的大型商場，有不少都曾經以東門市場做為設計參考。知名創意人「洋蔥設計」的黃家賢大哥也告訴我們：這些留在市場裡的大招牌很珍貴，當年必須是「真的很有錢」的店家才能訂作，是特別打印的立體文字設計呢！

沒錯，這裡就是最適合訴說這個城市故事的地方！既然是真實存在的場景，不用多做多說什麼，只要走進這裡就可以感受到新竹的現在與過去。於是我們有點瘋狂的租下樓上三間店面，把隔間打通，花費了非常多的力氣跟時間，將荒廢的狀態整理成可以使用的寬敞空間。當我們一掛上連結著新竹人記憶的老招牌，點亮光源的瞬間，彷彿重現了當年的盛景。

新竹東門市場至今依然保留全台灣最早的集合式市場模式，如今一樓有早市，也有晚上才營業的餐廳。

曾經在東門市場開業長達七十二年的南記行，現已歇業，早年是新竹最大的乾貨店，也是餐廳必訪的供應商，很會煮「大菜」的奶奶被我們請來當客座主廚。

餐桌計畫，老商家與年輕廚師的展演舞台

有了店面，剩下最關鍵的重點就是餐桌計畫的客座廚師，除了代表東門市場的「南記行」邱明琴老師，我們也找了新竹的「風廚師」團隊，他們曾培植許多年輕廚師並協助他們出國參與各種比賽。這次由他們代表，委請多位廚師參與餐桌計畫，將新竹的米粉、貢丸、乾貨等特產融合在料理故事裡，再讓料理人以各自擅長的法式、日式、台式等烹調技法來備餐，每次餐桌活動都會端出不同的特色料理，成為廚師們展演的舞台。

每當最後一道餐點出菜，我們會邀請負責的年輕主廚現身，有如米其林餐廳般的儀式，向所有客人分享做菜的構想，例如說明米粉為什麼會這樣料理，同時也讓新竹米粉的傳統故事進入到每個人心裡。我印象最深刻的一次，是小旅行最後一場活動的炒米粉，聽起來普通做起來可不簡單，在高級日式料理餐廳服務的師傅，將炒米粉做得澎湃華麗，上桌時添加乾冰，整盤端上桌浮誇的像生魚片大菜，讓大家對於很日常的炒米粉也留下了驚豔的記憶！

此外，「南記行」是超過一甲子的老店，早年是專賣食品、雜貨、乾貨的大家族事業，他們當年可以透過獨家管道拿到軍方配給品，比如奶粉、麵包，連帶一些高級食材也應有盡有。以前要開大餐廳就得進貨高級食材，比如螺肉、鮑魚之類的罐頭，南記行不僅是新竹最大乾貨店，客源還擴及台灣中部北部，生意甚至贏過很多台北的商家。我們得知南記行的邱明琴奶奶手藝一流，是煮大菜的高手，便邀請她擔任客座主廚的角色，用「南記行的乾貨傳奇」作為故事核心，策畫「滾水沖下，乾貨發開」的限定在地餐桌活動，也喚起許多老新竹人的記憶。

老東門發芽，影片發酵回響大

餐桌計畫結束後，在機緣巧合下我們請年輕的「三人紀實頻道」團隊拍攝關於東門市場的影片，這支《新竹老東門發芽》影片在沒有投注廣告預算的狀態下，臉書瀏覽量超過十六萬人次，加上同期其他媒體分享，衝上二十萬人次！許多人看過影片都表示非常感動，因為不僅看到老建築逐漸找回生命力的轉機，也可以看到許多年輕人不放棄的在這個舊市場中努力著。

從二〇一七年新竹市政府結合民間團體推動青年基地計畫，到二〇二〇年初投入預算做硬體整修，東門市場的體質不斷進化，整棟樓約五百零七個攤位，一樓的一百四十幾攤幾乎都快被租滿了（二〇二〇年初為止），就連老鋪「漁香甜不辣」都移往二樓開店，不少店家更不只承租一個攤位數，有些店一連租下兩三個攤位。攤商的性質也越來越多元，超過四十幾家都是年輕店家，包括日本料理、泰國菜、小酒館、手沖咖啡館、早午餐等，不少店面下午開始營業，對當地人來說，如今早上有早市菜攤，晚上則變成吃晚餐或宵夜的熱鬧基地。

舊城區不凋零，老店也有新魅力

只要有故事，人們就會來；人來了，就是所謂的觀光。我們進行島內小旅行的開發，必須不斷挖掘出地方的故事，才能依目標客群的需求規劃出具有當地魅力的行程。除了東門市場，舊城區的北門街也有許多饒富特色的老店家可做為故事亮點。例如在拜訪第八次後，我們得到「國際米粉」的郭大姊首肯，由她帶著遊客在工廠裡曬米粉；古老的中藥房「鴻安堂」，讓旅人親手製作日常可用的防蚊包；此外還有「玲瓏窯」手工玻璃吹製體驗，以及春池玻璃觀光工廠參訪等。

但是和地方談合作，必須注意許多「眉角」，跟一般企業往來做生意不太一樣，並非價格先行，許多個性十足的老闆、或是傳承數代的百年老店，有其習慣的思考邏輯和經營方式，他們更在

以前新竹人習慣來到長和宮參拜，向媽祖擲筊、求藥籤，以治病痛。成功求得藥籤後，細細記下籤上的數字，再到對面的中藥行「按籤抓藥」。

我們嘗試透過比較有趣的方式，讓大家抽藥籤、到鴻安堂認識中藥，可以更輕鬆傳達文史故事的意義。

百年老店「鴻安堂」坐落在長和宮附近，如今由第四代兄弟檔傳承經營，店裡泛黃的藥籤簿透露出歷史痕跡。

丸竹化妝品老闆阿姨脾氣直爽，對她來說要維繫百年店的信譽很重要，看到客人給最直接的建議，是她一直堅持的關鍵。

意的往往是不是和你能夠「氣味相投」。

例如老鋪「丸竹化妝品」。談合作的過程剛開始有點曲折，但透過交流，一方面我們展現田野調查的細膩度，一方面也和老闆阿姨聊起她自己研發的香皂產品，我告訴她：「我們的小旅行如果能夠創造新的方式，讓更多人重新認識你們的堅持和用心，也能鼓勵其他老店家跟進；說不定年輕一代會更願意提早回來接班，自然也就能接觸經營更年輕的客群。」於是，丸竹化妝品不但願意成為小旅行計畫的合作店家，老闆阿姨一手催生的香皂更成為我們公司的年節伴手禮。

有趣的是，丸竹的老闆阿姨說話直率，也表現在對客人的販售態度。我們請阿姨向旅人介紹產品，但買她的東西之前，她一定要知道你的皮膚狀況，甚至會先對你碎念教育一番，不然效果不好，客人就會怪她的東西不好。「我沒有看到你，你怎麼知道怎麼買，對不對？搞不好你皮膚根本就沒這麼油，只是需要保濕，這個錢就不用白花了。」乍聽之下有點兇，但能體會的客人反而覺得直率有趣，也乖乖受教選擇適合自己的產品。這是經營一間傳承百年的店家，要建立品牌最重要的關鍵：不是只靠著知名度，也不是只想著要賺錢就一直把商品賣出去，忽略了消費者的反應。而我們也會向認識並送禮的對象，闡述著這些老鋪堅持又頑固的小故事，也期許我們同樣擁有那樣擇善固執的傳統和個性。

[新竹舊城區快問快答]

東門市場大翻身：
建於1901年，1977年改建，2017年新竹市府整理三樓為「共創基地」，陸續有青年在此開店創業，2020年市府再投入預算強化硬體設施。

鴻安堂中藥鋪：
創始人為綽號「鴻仙」的謝鴻森於1920年成立，已超過百年歷史。正對面即是「外媽祖廟」長和宮，老一輩新竹人習慣到廟中求籤記住藥籤編號後，再過馬路到鴻安堂抓藥。時代變遷，如今第四代謝傑然、謝坤育兄弟轉而推廣食材和民生用品，例如讓旅人可以親自體驗抓藥、製作中藥防蚊包、現打白胡椒粉等。

丸竹化妝品：
位於竹蓮街，創立於日治時期的1923年。竹蓮街過去又被稱為香粉街，之後老店紛紛凋零，現在只剩零星幾間。丸竹除了挽臉用的香粉，也開發各式保養品打進年輕市場，並外銷到日本、泰國。

小塹有約 新竹舊城區小旅行：
2016年風尚旅行策劃新竹小旅行，第一年參加人次500人。相傳新竹在舊城區有鯉魚穴，最重要的三大廟（長和宮、城隍廟、竹蓮寺）就坐落在鯉魚穴頭、腹、尾的位置。旅遊路線以三間廟作為節點，從舊城區的北方進城，向南依序行經長和宮、北門大街、城隍廟、中央路、屎溝巷、東門市場、東門城、護城河、丸竹化妝品、竹蓮寺。

離題旅行，人生偶爾需要不同的空氣

——誰說國旅很無聊？花七天到鄉下修業去！

日本社區設計大師山崎亮先生曾說：「不是打造出讓一百萬人來訪一次的島嶼，而是規劃出能讓一萬人造訪一百次的島嶼。」我常常在觀光發展的會議上聽到有人問這要如何做到？前者是製造短期的新奇流行，讓人們來過就好；後者的模式是創造情感連結，使人想要一來再來。一個開發成本較高，一個客服成本較高，到底，哪個才是對地方更有利的方式？

如果從消費者的角度來看，不論是「一次性景點」或「重複造訪景點」都各有市場需求，但若是回到身為旅行業與地方創生工作者的角色，無疑的，「一萬人來一百次」對地方來說更有好處，如果一個地方會讓人想一來再來，那麼通常吸引他的不只是美景，而是人與人的關係。

我曾為了驗證「長天期的旅行是否對地方更好」的問題，企劃了「離題旅行」的旅遊方案，在推行計畫前，我們做了田野調查，發現很多店家或職人反應自家有人手不足的問題，而除了人力需求以外，他們（特別是老店家）也因為缺乏年輕世代的創意，想跟市場接軌卻不知如何著手。我希望參與離題旅行的人，無論是旅人或店家（接待方）皆可雙贏，一方面讓旅人短期內深度體驗另一種生活方式，而另一方面，店家則可以改善收入與人力的問題。

不是打工換宿，是付費換取生活體驗

離題旅行強調的重點是往「島內走」，走入森林、小鎮和田野之間，融入離題主人的生活當中，就像一般的日常生活，而且希望這是一個長達七天的旅行。以國人在國內旅遊的習慣來說，七天的設定很少見，但對離題旅行的設計而言，則是剛剛好的生活體驗時日，時間太短無法感受，太長則無法珍惜。

那麼，離題旅行和時下流行的工作假期必然有所區別。工作假期或打工換宿，顧名思義是以工作為手段，去滿足度假的目的，花相對較多的時間在遊樂與度假的行程上，而工作本身也以重複性的勞力為主；但離題旅行反而是需要收費的，或許是女主人分享揉麵團的手法或咖啡沖煮的節奏掌握、民宿主人移居東部後的工作體會，或者在森林中生存的獵人之道……這些五花八門的內容都是主人要花時間、花心力準備才能帶給客人的生活體驗，所以離題旅行需要收取最基本的費用，以支付食物、住宿和交通成本。

在我們執行計畫的期間，參與離題旅行的主人以在花東地區居多，也有宜蘭、雲林兩地的主人。這些接待者有人是擁有資深木工技術或豐富農業知識的民宿主人，有的是隱身在台東池上的法國料理私廚，個個身懷絕技。在計劃執行期間，每個月大約會接到兩三位旅人想報名，基本設定七天，但旅行天數仍需視主人時間而定；除了台灣人，也曾多次接待來自港澳的旅人。

聽起來，離題旅行似乎充滿了神奇，但其實一開始的目的很務實，也是為了滿足地方的需求而生。來看看一個例子：在台東海端的達路汗民宿，主人邱大哥為了讓部落有經濟收益，先把自己的房子改成民宿，白天從事保險業務、太陽能面板安裝工作，賺來的薪水用來支撐民宿的營運，但他不知道如何裝修民宿會更吸引人，自己看雜誌案例設計，結果西式的風格卻跟原本想要呈現部落文化的目的脫勾了，民宿的空間規劃略顯突兀。

一群參加離題旅行的旅人，在達路汗民宿住了七天，這七天內，學室內設計的人幫忙規劃空間，畢業自昆蟲系的旅人幫忙記錄部落的森林導覽與採集行程，每個人各自貢獻所長，大家也從邱大哥身上學習到如何與大自然相處、在部落裡的生存能力。在旅行接近尾聲的晚上，一位大哥在門口大石頭

在台東池上的4.5公里咖啡館，不只可以學習沖煮一杯好咖啡，還可以向老闆學習蠟染和木工。

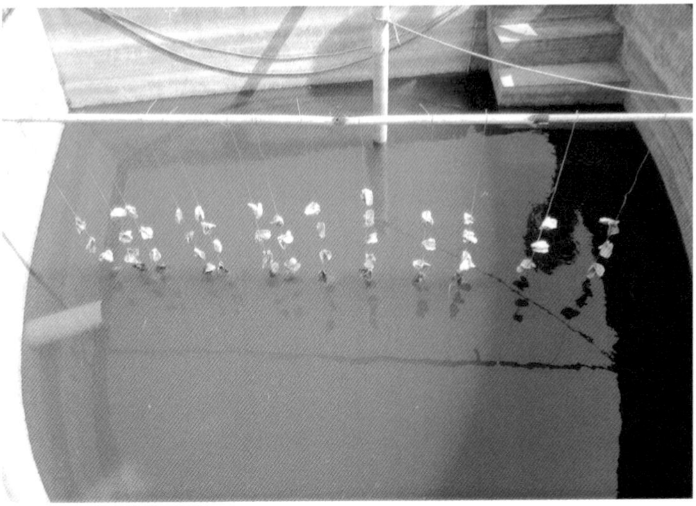

雲林「好蝦冏男社」自製生態監測網。參加的旅人可以全程觀察養蝦場的作業。

在台東鹿野的林旺茶廠，讓離題旅行的旅人學習採茶、製作手工柚子茶。

上靜靜的坐到深夜，他說捨不得睡，因為隔天就要回到原本的生活，他坦白說打從自己出社會、結婚生子，所有時間都付出給別人，像這次的「離題」經驗，能送給自己完完整整的一個禮拜、徹底抽離原來的生活軌道，幾乎是從來沒有過的體驗。

另外一位參與台東延平鸞山森林博物館體驗的女性團員，原本在某計程車車隊公司擔任客服工作，每天一成不變的內容讓她一直想從現實工作中跳脫，卻少了一點真正付諸行動的勇氣，沒料到參加完離題旅行的活動後，她便下定決心離職，先規劃很長一段時間的環島旅行，當旅程結束後再度回到職場，不但對原先工作有了新的體悟，面對壓力也無所畏懼。

旅人學習新技能，地方業者收穫行銷創意

就我所知，好多離題旅行的參與者結束這七天後，或多或少都改變了往後的生活。有可能是養成習慣每個月固定「回」到台東，和透過離題旅行認識的朋友參與地方改造；也可能是和當地茶農變成有如家人般的親近好友，一有空檔就相約回到

鹿野的茶廠幫忙，除了學習技術也重新找到生活熱情，這樣的故事在在讓人覺得精采有味。

另一方面，從地方的角度來說，務農也好、部落也好，在地居民常常擔憂人口外移、自己為了生存而工作很吃力，有時難免不知道價值何在、或懷疑能守護傳統文化多久，但當他們接觸了遠從各地而來、不同背景的離題旅行參與者，會發現原來有一群人是喜愛這個地方、對自己的工作很感興趣，願意付費來體驗、學習技能。

簡單來說，當參與者不再說我是要「去玩」，講的是我要再「回來」，一萬人來一百次的精神，就已經在離題旅行上徹底實踐了。

[離題旅行快問快答]

計畫由來：
2013年國家文化藝術基金會推出「藝文社會企業創新育成扶植計畫」，企業提案必須兼顧藝術文化精神與創新營運思維，風尚旅行企劃「離題旅行：用七天離題，旅行另一種人生」，在「文化旅遊」類別獲選。

代表意義：
評審委員認為「能鼓勵旅人體驗離題生活，促進在地夥伴的成長與文化創作，促進返鄉貢獻」深具意義。旅行活動期間，參與學員除了台灣人，也有來自港澳的旅人報名（目前本計畫已終止）。

越是大客戶，越愛聽故事

——LEXUS 一天三萬元的金瓜石高級國旅

台灣有很多資源豐厚的大企業，有能力也有意願投注資源在地方的深度文化之旅，但如果企劃內容缺乏底蘊，對企業就達不到加分的效果。有志投入地方創生的策劃人多半知道要學會說故事，但故事如何才能說得好？就來自於你對土地與文化的深度理解，以及如何結合企業與地方的雙贏策略。

在新冠肺炎疫情之前，國內旅遊市場相當弱勢，社群上常見「去墾丁不如去沖繩」這類評論，但台灣真的不好玩嗎？從另一個角度想，或許是身為從業人員的我們對地方的認識有限，推不出令人感動的產品，長此以往，地方價值一直無法轉換為獲利價格，自然難以變成一項永續發展且造福鄉里的業務，與企業客戶合作是一個好方向，比一般旅行團更高的預算有助於打磨精緻產品，形成消費者體驗滿意、企業形象加分、地方實質受惠的良性循環。

用山、海、村、城，講述四種族群文化

我們在二〇一八年接到LEXUS的邀約，希望針對車主的旅行活動提出規劃服務，作為一家以策展與精緻旅行為主要業務的小公司，得到國際性大品牌的邀請著實令人興奮，畢竟LEXUS是全球知名的豪華房車品牌，總代理和泰汽車也是台灣汽車業的龍頭，多年來累積龐大的車主群與強而有力的行銷能力，無疑會成為打造精緻國內旅行的強大助力。

和泰雖然是大企業，但他們並未因為我們只是個小公司而展現出業主的姿態，第一次的會議沒談預算，而是我們不斷的詢問「希望如何滿足車主？為何要辦這類活動？對於台灣旅行的想像是什麼？」在清楚理解他們想要的、跟我們能夠提供的一致，才進行後續實質的提案與預算。到目前為止，LEXUS已經與我們完成五場車主旅行，每回向車主進行介紹時，還總不忘調侃說他們可是通過風尚旅行的種種考驗才合作至今。

我的想法是，如果只是滿足企業舉辦車主活動的需求，而不去考慮如何將品牌連結台灣土地的故事，只需要找一般觀光行程的旅行社操作就好，我們想為客戶做到的是講述一個完整的故事，於是很瘋狂的提出了四場活動腳本的建議，這超乎了客戶的想像，他們覺得本來是要談一場活動的執行，怎

用山、海、村、城來談台灣島嶼不同的風景印象，同時這些也代表了四種類型的族群文化。

麼會不顧客戶原先的規劃把一個案子搞得複雜又龐大，但和泰汽車看得懂故事的價值，愉快且迅速的握手允諾。

最後，我們用「山、海、村、城」這四個題目來談台灣島嶼不同的風景印象，而這四個風景的背後，更代表了四種類型的族群文化，山海村城是異地風景、是族群融合，也是台灣真實的個性。我們期望藉由深度旅行，讓LEXUS成為汽車品牌中率先嘗試連結在地不同風景的開始，並將這一系列車主精緻旅行體驗命名為「覓境食旅」。

第一場活動以就近的金瓜石為目的地，策劃了「山」的旅行。為此我們做了大量的資料蒐集，同事們來來回回為了田野調查跑了幾十趟，台灣有許多人去過九份，但對旁邊的金瓜石卻是相對陌生，水金九（水湳洞、金瓜石、九份）這三個聚落有各自不同的文化背景，彼此既有相關的連結卻也有明顯的差異，我們的任務正是要讓一般人可能不熟悉的金瓜石故事，成為旅行的特色與賣點。

聽耆老闡述地方故事，看優人神鼓震撼演出

在田調時我們採訪一位八十九歲的耆老，他的家族從祖父開始三代都是礦工，帶路的過程還遇到他的同輩，連他在內，總共四個阿公一起說故事，我們就戲稱他們是「水金九F4」。聽F4阿公講起當地的故事滔滔，才發現我們知道的太少。阿公說當年住在金瓜石的是以日本人為主的管理階層，金瓜石因此留有不少老日本宿舍群，包括一開始為了招待裕仁皇太子（後來的昭和天皇）所建、後來曾被當作貴賓招待所的太子賓館，但九份卻沒有；另外，臺金公司的前身，管理礦業的公司都在這裡，所以金瓜石有醫院，九份卻沒有；因屬於高級住宅區，金瓜石的階梯高度比九份的石階低很多，也比較寬，因為日本人習慣穿和服、木屐，無法把腳抬得太高。

在金礦的開採上，兩地也有不同。金瓜石能採到大塊的金

由在地耆老鄭春山先生介紹金瓜石的歷史。（圖片提供／李柏毅）

礦，所以主要由日本人經營開採；而九份產的是沙金，得靠大量的人力用水去淘濾出金砂，工作層層發包，吸引許多人聚集到九份淘金。低廉的工資讓來到這裡的工人只求有個睡覺的棲身之地，導致九份的房子密度非常高，像是天空之城般密密麻麻；也因為工作危險性高，淘金工人把每一天都當最後一天過，酒家、聲色場所林立，工人們一賺到小錢就及時行樂花個精光。曾有工人某一天突然就消失了——不是工作時遇到危險死亡，就是他淘到較大的金塊後連夜逃走。

令人感嘆的歷史故事能串成旅行的「內容」，但我們還需要為遊客創造更特別的感官體驗，因此以「金石優人」為題，與「優人神鼓」合作。優人神鼓有一組年輕團隊進駐金瓜石，以打造永續發展的藝術基地為目標，承租了一個山坳空間做為「亙古劇場」，也就是優人排練及發展「定目劇」的場地，用意雖良善，卻因為以挖土機移動落石塊、被爬山民眾目擊檢舉，造成輿論風波，劇場曾暫時關閉。

對於旅行中關於「食」的安排，採用當地孕育出來的食材創造獨特的饗宴。（圖片提供／李柏毅）

優人神鼓在伏牛礦體的演出，以大自然為舞台震撼全場。（圖片提供／蔡昇達）

在優人神鼓「水滴多維實驗劇場」透過擊鼓體驗與自己的心靈對話。（圖片提供／蔡昇達）

我們當時原本邀請優人團隊安排在瓦古劇場的演出，也因為此事不得不喊停，為了找到更好的替代地點，同事安妮在整座山區四處探勘廢棄的礦坑與山徑，最後找到了名叫「伏牛礦體」的地方，車子只能開到外圍，旅客得花十幾分鐘走進山坳裡的小空地。

活動當天，觀眾沿著碎石路走進來，坐下後靜心飲茶，此時還看不到任何優人的演出者，但突然間會聽到附近山頭傳來大聲吟唱，另一個山頭吹奏的海螺聲環繞山谷，觀眾才剛轉頭，優人便從草叢中冒出備好姿勢開始擊鼓，整個空間有如最天然最震撼的立體劇場，在遠方伏牛礦體上有三位優人舞者配合著鼓聲迴旋舞著，足足三十分鐘沒有停下。

在場的LEXUS車主都被結合自然的表演所震撼，他們邊聽著我們說起金瓜石的故事，邊進到金瓜石的自然劇場裡面，也因為這次旅行活動的成功，我們與LEXUS以山、海、村、城為主題的覓境食旅得以持續進行，而這個案例也更讓我們相信，只要願意深入挖掘土地的故事，國旅絕對可以創造更多價值與產值。

成也租金、敗也租金，是商圈發展真理？

——台南正興街的生存啟示錄

台南的正興街，近十年來被視為街區創生的代表，但近兩三年來有幾個代表性店家陸續歇業或搬離，包括佳佳西市場旅店、正興咖啡館、IORI茶館、彩虹來了、小滿食堂等，有人說正興街沒落了，也有人聲討房租高漲是殺手，但我認為正興街成形的過程與其他商圈不同，店家更迭是地區進化的過程，它的故事依然值得台灣其他商圈參考。

全世界的商圈興衰，往往都從被低估的地方開始，初期便宜的租金養活了創意工作者，透過群聚效應帶來人潮，但在過度炒作之後，投資型房東因有利可圖而拉高租金，造成原本的店家出走，有時候就換成大企業或連鎖品牌進駐，小商圈原本的特色也因而走調。

對於從商圈成形一開始就在的店家，一般來說有三種對應方法：一是像日本作家松浦彌太郎曾在書裡面提到的，他在紐約遇到一位小書店的老闆，告訴他如果想在城市裡繼續開這樣一家堅持理念的小書店，不管再怎麼辛苦都要把店面買下來，只有擁有資產，才能用創業者想要的規模、節奏與想法來經營。

第二種方法是回歸商業供需。當店家創造了有趣的事情引進消費者，人潮應該要能轉換成支撐在此地經營的收益來源與動力，如此也才能永續經營，調整經營方式或內容創造更穩健的獲利，逐步提供給房東更好的收益，滿足消費者想要的消費體驗，才能三贏。

最後一種方法，如果創業者不喜歡改變後的環境，也可以快樂的揮手離開，選擇下一個能讓你更舒服的地方與經營方式，繼續過生活。

強調在地設計生產的「彩虹來了」從自營網站跨入實體店面，選在台南正興街一棟四十五年的老屋打造品牌概念店。（圖片提供／陳韻如）

部分歇業的正興街店家選擇了第三種，但仍有更多的業者朝向第一種跟第二種方法努力，且正興街與台灣許多劣幣驅逐良幣的商圈不同，留下的店家是很有可能兼顧理想與商業利益的一群——為什麼呢？這就必須從正興街興起的故事談起。

店家合辦雜誌，炒熱街區活力

在正興街還未成氣候時，我跟同學謝文侃一起合作了西市場老屋改造案「謝宅」，引起媒體注意報導，但讓正興街走紅的關鍵者是「彩虹來了」的共同創辦人高耀威（Eric）。他想打造以旅行為主題的線上服裝品牌而尋找創業地點，我給他的建議是，如果主力客群是靠網路，在台北不見得能找到合意的店面開實體店，倒不如考慮搬來台南發展，我知道正興街上有棟老房子要出租，房子的格局雖不方正但頗為有趣，便推薦給 Eric；他看過後覺得租金可以負擔，加上跟親切房東聊得很開心，就承租下來，搬到台南開始創業。

Eric 來到正興街之後，很積極的與街坊鄰居建立起良好的互動關係，那些長年住在街上的阿公阿嬤也很好奇新搬進來的年輕人是什麼樣的人，老人家因為小孩都外出工作不在身邊，就把他當自己的孫子一樣關心，天天招呼他吃飯，而他也把這些長輩當自己的爺爺奶奶來照顧。

隨後正興街陸續搬來不少很有想法的年輕人，像是「蜷尾家」、「小滿食堂」、「拾參馬卡龍」等，他們自發性的辦了許多活動，不同於一般商圈思考的只是收益與人流，而是透過創意去串聯理念和生活，用很少的預算，例如回收厚紙板寫上書法當作宣傳海報、活動標語，用拮据的經費編撰雜誌，記錄街坊共同關心的大小事，邀請鄰居阿嬤跟大姐來做封面人物，笑稱自己是「全世界視野最狹窄的雜誌」，結果不但每一期都搶購一空，甚至在網路書店「博客來」上架，還發行日文版賣到日本。

店家主動跟市府申請假日封路，創造舒服的散步空間，因為不想在馬路放橘色三角錐，所以邀請插畫家小圭幫街上的居民、店家，依照個性畫了人形貓的可愛圖案，再做成封街立牌，成為媒體爭相報導的特色。另外也辦「正興街遊」，和鄰居阿公阿嬤、老鋪新店家一起邀約出遊維繫感情，甚至和日本京都的田邊市進行社區交流，合辦第一次「海外辦公椅競速大賽」，引爆人群關注與參與。

正興街假日封街邀請插畫家小圭照居民、店家的個性畫人形貓圖案做成封街立牌，成為媒體報導的特色。（圖片提供／陳韻如）

「蜷尾家」從正興街的三角窗小鋪出發，一路拿下亞洲冰淇淋銀牌大獎，又在安平樹屋、東京三軒茶屋、麻布十番等地陸續開新店。（圖片提供／陳韻如）

曾有十年榮景的「佳佳西市場」，即便已劃下句點，他們的老屋改造民宿經驗也將轉移到其他城市，期望讓其他老房子光芒再現。（圖片提供／陳韻如）

店家與在地文化的連結，才是底氣所在

注重人與人之間的連結是正興街成功興起的秘訣，原本擁有房子的阿公阿嬤樂意長期維持原價出租給年輕人，因為地方型房東要的是找到一個能照顧房子的好房客，又能有穩定的租金收入。不過投資型房東隨後也開始用更高的價格收購房子，再開出相對於房價心目中合理利潤的租金，最後自然而然造成商圈整體房租上漲的結果。

人潮代表錢潮，隨著商圈成熟、收入增加，成本自然也跟著墊高，就我所知，正興街的店家群並沒有只抱怨租金成本所帶來的壓力，而是用升級轉型來達到社區共好，原來彩虹來了的位置變成「五洞堂」這棟複合式街屋，透過食物、漫畫和桌球三種元素創造在地關係；蜷尾家從正興街的三角窗小鋪出發，一路拿下亞洲冰淇淋銀牌大獎，更跨海在東京三軒茶屋、麻布十番等地陸續開新店。

即便是搬走的店家，也未必是被高租金壓垮，小滿食堂的策略是擺脫房租的制約，把精力投放在創作料理上，並轉戰移動市集與線上宅配市場。而有十年榮景的佳佳西市場，當大型飯店也仿效其做法，以文化元素融入空間進駐台南，他們決定老屋民宿經驗轉移到其他城市，繼續改造被忽略被低估的歷史老宅，讓老房子光芒再現。

雖然商圈的榮枯與租金的漲跌勢必連動，但正興街的案例告訴我們，店家如何與在地文化的連結仍是最重要的底氣，凝聚力越高的商圈，店家越是能因應環境變遷找到生存之道，達到居民、房東、店家、消費者多方共贏的結果。

【對談】

屏東・國境之南的逆襲

——潘孟安×游智維

撰文整理／秦雅如

二〇一九年，屏東縣一連主辦兩場全國性的大活動：台灣燈會、台灣設計展，分別創下參觀人潮超過一千一百八十幾萬人次和四百萬人次的佳績，「我屏東我驕傲」成為最夯的hashtag。屏東從一個資源稀少、台灣最尾端、長期不受關注的農業縣，翻轉成為話題熱度最高的縣市。讓地方動起來，不是一蹴可幾，是從政府到民間，願意花時間蹲點耕耘的成果。

寫樂文化發行人韓嵩齡（以下簡稱韓）特別邀請游智維和屏東縣長潘孟安進行一場對談。進入第二任縣長任期的潘孟安（以下簡稱潘），想要打造的「屏東品牌」是什麼？游智維（以下簡稱游）帶領蚯蚓文化，是這次台灣設計展的策展單位之一，和屏東縣政府從企劃討論到實際執行的過程，政府部門與民間團隊如何攜手合作，以及日本偏鄉值得借鏡的案例，也在這一場對談中分享。

韓　一般來說，大家聽到「地方創生」，會覺得好像跟自己沒有關係，很生硬，我希望打破那個距離，一樣在講地方的故事，一樣在講年輕人回鄉，但是我們希望用更貼近讀者的方式。縣長做了好幾個指標性的案例，同時大家也都很驚訝：為什麼是屏東？

潘　先撇開職務，從我的成長過程來說，我在偏鄉長大，我們小時候下了課去挖番薯、抓魚蝦、放牛，都會的孩子沒辦法想像，這是我們的獨特性，但是當我們到都會去，可能會迷惘，沒辦法適應。整個城市的發展也是這樣，為什麼是屏東？那好像是被壓抑的成長過程，想要展現理想抱負、踏實逐夢，必須經過很多淬煉考驗。從個人到城市壁畫者，我從當民代開始，就在解決很多城鄉落差或者民眾遭受不公平的狀況，這是一種油然而生的工作期許，因為自己的成長過程就是這樣。

生活就是點點滴滴，接觸的人、事、物、景都是故事，但「在地性」在哪裡？我認為這個比較重要。「地方創生」概念來自日本，但是日本的故事性跟我們不一樣啊！咖啡是外來文化，巧克力也是外來文化，為什麼我在打屏東地方品牌的時候敢推這個？我認為我們從無到有，既創造在地性，也和世界接軌。

屏東的巧克力連續三年拿到世界金牌，我們在培植的過程中有很多故事，從檳榔園休耕轉種，變成新的黑金。不是說美洲有、歐洲有、亞洲其他國家有就是複製，各地的特色在哪裡才是重要關鍵。

沒有文化就像遊魂

游　鄉下創業的題目，我們不希望限定在「青年返鄉」，或者設定在某一個特定的小族群上，縣長用屏東自己的價值去彰顯，我們看到台灣燈會也好、台灣設計展也好，都是用屏東的故事和精神去做，那也是一種創業精神。很多台灣在地的傳統產業，有滿手資源，也有現金，但要相信地方也可以做新的東西、創造更大的價值，才有辦法改變台灣目前的狀況。重點是我們要知道地方有價值，要覺得地方是你的「資本」，就算開一間麵店，例如屏東的美菊麵店就是很好的例子——一般印象都是屏東是鄉下，那麼在鄉下為什麼不能開很有個性的麵店、還大方的用阿嬤的名字？事實證明這件事也可以做得很好。不管創業規模是大間的、小間的，像是日本最大的飯店集團星野，也是用它在輕井澤蓋飯店的故事做為集團發展的資本。

潘　屏東立縣將近七十年，一直扮演著「媳婦」的角色、供應台灣的糧倉，重大建設沒有來，於是一般印象就認定你好像一輩子只能務農、就是邊陲地帶，在國家總預算裡面只分配到大概四．四％。這個是我們在地理位置上，包括國家政策使然，但我認為屏東人不能因此服輸。

整個台灣就像一隻在海中的鯨魚，我認為屏東可以當台灣的推進器，就有如鯨魚的尾巴。所以我們在這幾年做整備，並不是突然爆發，因為我知道與其臨淵羨魚不如退而結網。這個突圍的過程，要盤點我們的優勢在哪裡、劣勢在哪裡？要怎麼藏拙、怎麼發展屏東的優勢？

一開始我先改善財政結構，不到四年的時間還了一百多億債務，先把「人體功能」調整好之後，任督二脈才能暢通。當然一個城市的生命力不是只有硬體，如果沒有文化就像遊魂一樣，所以文化導入、城市美學，這是我們在前三年的擘畫之後，就開始在琢磨的。

從爬梳生活記憶到提高產值

潘　而屏東整個城市也累積了悠久的文化底蘊，我們只是當觸媒。比如說原住民，大家好像只看到花東、阿美族，卻忽略了屏東排灣、魯凱；客家文化，大家看到台三線桃竹苗，忽略了屏東六堆。另外，台灣第一次涉外談判居然是在恆春半島的「牡丹社事件」；又或者最早南島文化的發源地也是在屏東，我上任第一年就辦了「南島語族論壇」。

我們從整個城市發展脈絡去爬梳生活記憶以外，也把它導入到產業發展。不跟人家去拚科學園區，我轉而發展農業的特色，再加碼變成生物科技。所以我創辦農業大學，找一批年輕的種子，從生產端去做田間管理、友善土地的管理，到加工、包裝、行銷、通路，再結合生物科技，進行一場寧靜的農業革命。

我要塑造屏東就是面膜生產的故鄉，我把廠商找來，包括平常在吃的洋蔥、黑豆、紅豆、米糠、紅藜，什麼都可以做面膜。連魚鱗、魚皮都可以做面膜、營養液、保養液，反而比原本那一條魚產值更高。

韓 縣長提到在地方的文化加值做了很多努力，您也引進非常多城市的文化進來，包括在台灣燈會、台灣設計展，除了發掘本地的文化，還有輸入的文化，借用外面的力量，這方面您的想法？

把設計展的目標效應擴大

潘 屏東像一塊璞玉，要經過雕琢，我們有很多文化底蘊，但沒有人去垂直整合，我就扮演這個平台。所有產業都一樣，讓它發揮一加一大於二的效應，當然也需要外力來支援。對於屏東，我很清楚，民風比較保守，比較不會攻城掠地，所以我就特別拜託像是智維他們來幫忙提供刺激，當然也有人批判為什麼好像是外來的和尚比較會念經？實際上在文化的衝擊當中，會創造更多火花。

台灣燈會過去都是罐頭式的內容，每一個縣市都是這樣辦，但我不想這樣，所以我們就顛覆傳統。改變做法需要跟很多醬缸文化去爭論、甚至衝撞，比如三十年來都是用生肖燈，單單這一點我就去拍桌了！包括過去的廠商，往往認為你沒有他不行，但他不知道我們玩真的，寧可開天窗，他們就嚇到了。

我堅持要在地創作，包括很多的設計、製作，要求廠商和藝術工作者蹲點創作，我們每一天滾動式檢討，有問題的地方馬上修繕或調整，讓大家看到政府的效率，這些都是後來他們的回饋或者在臉書上寫的，不是我自己講的。

又比如設計展，提到「設計」兩個字，連我自己都覺得很遙遠，但是只要我們抓住機會就要好好展現。怎麼把侷限在小眾的設計展擴大成大眾？從幼兒到長者都可以參與，連同產業結合，包括我們把長照概念也結合進來。

游　坦白說當時台灣設計展決定用「超級南」的時候，我們參與的團隊都很開心，但我也聽縣長在訪談時說過，畢竟屏東有自己的困難在，可是很多人做品牌常不敢直接點出自己的問題，縣長是怎麼做出這個決定的？

潘　我在連任就職的時候，講了未來的願景，除了安居樂業2.0版以外，還要打造「品牌屏東、屏東品牌」。「超級南」是屏東第一次主辦台灣設計展，燈會也是，我們抱著謙卑的心態去面對自己的弱勢，務實的面對我們的場域、環境、資源，逐一克服，並且突破框架去創新，我想這是我們的團隊比較難得的，讓大眾從問號變成驚嘆號，後來才有「我屏東我驕傲」。

我們一開始面對問題真的是超級難！尤其在屏東這個傳統農業縣，要屏東在地人去看展就很困難了，何況是要外縣市的人來看。這不是我一個人突發奇想，是大家分工合作，就好像「超級南」提案要做超級市場，真的要這樣搞嗎？但我們就尊重創作者，不要做政治指導，放手讓大家去做。

一樣的道理，為什麼講「品牌屏東」，未來整個產業再升級以外，屏東就是品牌，不再是一個遙遠的地理名詞。

村莊計畫不設限——屏東的陽光可以賣嗎？

游　我想過在屏東有一個生意可以做，就是曬棉被。因為屏東太陽很大，沒有很多高樓大廈烏煙瘴氣，有很多空曠的地方，很多三合院。我小時候棉被曬過再拿回去睡的時候，就會知道那個是太陽曬過的味道，不是烘衣機。但是住在台北的人，受限於居住空間，棉被可能從來沒有好好曬過太陽，所以我把屏東的太陽給你。這是我們當時在想社區營造的做法，社區很多阿嬤，大家做伙來洗被，甚至可以架攝影機，你要看你的棉被在哪裡都沒問題，或者用空拍機整排棉被拍下來，畫面一定很震撼，最好旁邊還種一排桂花，然後有咖啡館，一定很多人去喝咖啡，跟棉被拍照。

換算地方的空間和人力成本都很低，但我們收費要高，我們不是要做便宜的洗棉被，認真的洗跟曬、認真的收跟包。它打造的TA（對象）是願意付兩千元洗一床棉被的人，是買了幾萬塊棉被、然後真的好好對待棉被的人。

但這不代表一定就是光靠曬棉被獲利，或許也可以是賣棉被套，棉被曬完之後，我賣一組新的棉被套給你，布是台灣製的，阿嬤用手工縫的，或者阿嬤畫什麼圖，再把它轉換成印花圖紋。就好像設計展的「設計之夜」，設計師黃偉豪把每位走秀的長者、身心障礙者的話或者畫，變成服裝上的印花一樣，看了很讓人感動。它也可以是村莊計畫，棉被村成為旅行的亮點，帶動地方旅行，例如很多房子閒置可以當民宿，然後當地也有原來的工藝或某個產業，想辦法跟這件事情重新連結在一起。

韓 台北有很多小孩都過敏，像我們家兩個就是，醫生檢查出來都是塵蟎，這在台北防不勝防，每個醫生跟你講棉被要曬或者是要怎麼樣，但事實上就是做不到，所以智維講的沒有錯，如果說這個服務真的是把棉被好好曬過太陽、把整個解決方案做好做滿，父母親花多少錢都願意掏出來。

遠距工作，讓「地方」創造積極價值

游 這本書裡介紹的日本案例可以思考，像是上勝町，深山裡的農家撿樹葉賣給高級料亭，帶給老阿嬤的平均年收入幾百萬日圓，最高的領到一年超過一千萬日圓！阿嬤們老了沒辦法農作，但是撿樹葉很簡單，而且鄉下的老人家對此熟悉有知識。當初在中間推動幫忙的人發現高級料亭會用真正的樹葉來做盤飾，他就問餐廳，這些樹葉怎麼買來的？店家說都要去花店特別找，沒有人固定供應——所以他就做了一個平台，把樹葉供應鍊「建構起來」，什麼季節有什麼樣的樹葉，提供給這些高級料理店上網訂購，下單後，阿嬤就馬上去摘，洗乾淨包裝起來，直接寄到餐廳，成為專門的樹葉提供商。

游 另外有一個案例，我覺得在台灣沒有類似的做法很可惜。四國德島山裡的神山町，原本很窮、都剩下老人、房子空蕩蕩的，直到他們拉了一條全日本最快的光纖，然後對外徵求有沒有東京的公司要搬來？到目前為止就引進了十六家公司。因為在東京寸土寸金，但是有些工作只要有網路就可以做，例如有一個公司做電視節目的檔案備份，就把主機全部放在神山町；另一間公司做電子名片管理，把寫程式的工程師「丟」到山裡去，這家名片公司在東京上市，市值超過一千億日圓！

科技可以產生巨大的產值，也因為科技讓距離大幅縮短。峇里島的頂級度假勝地烏布，近兩、三年成立了很多 co-working space（共享工作空間），而且收費都不便宜，很多歐美人只要是工作可以遠端操作的、用網路就能做事的人都搬到峇里島，他們住 villa，一邊可以去游泳、泛舟，過好生活，一邊又能夠創造積極的工作價值，這個模式可能就是現代人想要的。

我們也許會在屏東市做 co-working space 創業基地，可是我們並沒有進一步想像說，假設在「獅子鄉」，一個看得到海的地方，把廢棄的房子整理出來，和附近的住宿業者合作，在這裡每天可以度假，然後又可以用網路工作。越是「地方」，越有未來價值，應該去善用每一個地方最好的價值。

協同產業，解決問題、創造文化城市

韓　縣長任期還有兩年七個月，剛剛講很多縣政的想法，如果把屏東當一個公司來看，您是CEO的話，到第二個任期做完，您覺得屏東比較像是一個什麼樣的公司？

潘　如果就商業角度而言，之前先把體質變好，打開商品的知名度，接下來就是讓整個業務量或者業績能夠再增加；如果從工廠管理系統的QC（品管）來說，未來就是要盯緊進度，往前走。我把一些基礎建設、文化建設做好，讓屏東在輿論上容易被看見了之後，我不敢講未來就比較好做，但最起碼我留下這些東西，這個是我的責任，也是我的義務。

目前總圖（圖書館）正在趕工，暑假可以完成。我大概知道文化界相對來說很難生存，我們的文化創意園區裡，有特別針對獨立書店提供很多條款。對於現在的總圖我也有個想法，為了鼓勵出版業者，我就每兩、三個月免費讓你在那邊辦展，或是辦活動，帶動我們這邊的閱讀風氣。

韓　從出版業來講，庫存是每一家出版社最沉重的負擔，如果公部門可以幫大家創造一個平台，減省成本，然後創造更多清掉庫存書的可能性，我想很多大出版社都樂意看到。

國際上像童書界這幾年很紅的「大野狼國際書展」，其實就是專門清庫存的銷售，先到世界各地去買低價的庫存書，然後到每個地方租很便宜的倉庫，用很低的價錢去賣很高級的書，所以有小朋友的爸爸媽媽都會衝去搶。

游　韓國靠近北韓有一個叫坡州的地方，它就規劃成出版產業園區「坡州出版都市」（Pajubookcity），韓國大量的出版業都往那個地方去，形成整個產業鍊。現在高速公路有到屏東，二高下來，例如南州，也可以像坡州一樣去思考整個圖書城的概念。

韓　庫存書要不要銷毀報廢，是出版社很大的痛點，一打掉就變成負債，但是一年拖一年也不曉得拿這些書怎麼辦。如果說今天有一個地方可以消化這些存書，就等於是它的第二倉庫。

潘　如果出版社業者願意把他們的倉儲放在這裡，我們可以盡可能來協助，甚至派專人管理，規劃一個園區。我們菸廠就有那麼大的空間，弄一棟做些隔架來放這些書，也是很驚人。

游　它很像策展。所謂策展，就是用一個展覽誘使你投入興趣，我覺得所有族群的人都有買書的需求，任何書都有人買，像我到這個年紀，就會開始看養生書。假設那個空間做倉儲以外，另外一個空間是每一季或者是每兩個月有一個主題展，比如說這一季就是談養生，也許從書籍到某些產品，誘使大家想要把這些書一次買齊，因為價格都很低。如果像大野狼的方法，大家都是要清庫存，放在這裡又沒有成本，那售價就可以很低。

韓　我覺得做主題展可行，假設就是做一個台灣的「大野狼」，因為少子化的關係，現在其實台灣的圖書業者也不好過，但如果有一個地方能夠把人拉進來，對出版社來說，給我一個空間，不用錢，可以讓我囤放那些書，甚至創造一些機會把它賣掉，這是一個誘因。

游　我想到一個日本的廢校案例，是做藝術家大型作品的存放跟展示。因為很多藝術家的作品都超巨大，展覽後沒有地方放，而學校有禮堂、操場，很多空間，所以他們就跟藝術家說，你們的作品可以放來我們這邊，那所廢校就變成現在的越後妻有清津倉庫美術館，山裡面根本不用再蓋美術館，然後大家有作品可以看！這個都是利用地方本來的劣勢變成優勢，所以我覺得屏東應該可以盤點出很多優勢，跟出版業、跟不同的產業談，去理解他們的問題，也許屏東來解決大家的問題，就可以創造出新的機會。

鄉下創業學

27個日本＋台灣地方商業案例觀察

作者	游智維
文字協力	歐陽如修、秦雅如
主編	莊樹穎
封面設計	犬良品牌設計
內頁設計	徐睿紳
版面構成	李碧華
行銷企劃	洪于茹
出版者	寫樂文化有限公司
創辦人	韓嵩齡、詹仁雄
發行人兼總編輯	韓嵩齡
發行業務	蕭星貞
發行地址	106 台北市大安區光復南路202號10樓之5
電話	(02) 6617-5759
傳真	(02) 2772-2651
讀者服務信箱	soulerbook@gmail.com
總經銷	時報文化出版企業股份有限公司
公司地址	台北市和平西路三段240號5樓
電話	(02) 2306-6600

第一版第二刷 2023年9月8日
ISBN 978-986-98996-0-4

國家圖書館出版品預行編目（CIP）資料

鄉下創業學 / 游智維著. -- 第一版. -- 臺北市：
寫樂文化, 2020.06
面；　公分. --（我的檔案夾；47）
ISBN 978-986-98996-0-4(平裝)

1.創業 2.產業發展 3.企業經營

494.1　　109007684